Untersuchungen zur asymptotischen Theorie nichtlinearer Differentialgleichungen

SCHRIFTENREIHE DES ZENTRALINSTITUTS
FÜR MATHEMATIK UND MECHANIK

BEI DER AKADEMIE DER WISSENSCHAFTEN DER DDR

Herausgeber: Heinz Ahrens, Helmut Koch, Klaus Matthes,
Günther Schmidt, Kurt Schröder

Heft 26

UNTERSUCHUNGEN ZUR ASYMPTOTISCHEN THEORIE NICHTLINEARER DIFFERENTIALGLEICHUNGEN

AKADEMIE-VERLAG · BERLIN
1978

UNTERSUCHUNGEN ZUR ASYMPTOTISCHEN THEORIE NICHTLINEARER DIFFERENTIALGLEICHUNGEN

Herausgegeben von

Prof. Dr. G. SCHMIDT

AKADEMIE-VERLAG · BERLIN

1978

Die Übersetzung der in russischer Sprache verfaßten Beiträge übernahm
Dr. habil. Klaus R. SCHNEIDER, Berlin

Zentralinstitut für Mathematik und Mechanik, 108 Berlin, Mohrenstr. 39
Erschienen im Akademie-Verlag, 108 Berlin, Leipziger Straße 3—4

Lizenznummer: 202 . 100/409/78
Gesamtherstellung: VEB Druckerei „Thomas Müntzer", 582 Bad Langensalza
Bestellnummer: 762491 0 (2069/26) · LSV 1065
Printed in GDR
DDR 18,— M

Ju. A. Mitropolskij zum
60. Geburtstag

Inhaltsverzeichnis

Die Forschungen Ju. A. Mitropolskijs auf dem Gebiet der nichtlinearen Schwingungstheorie

Das Mitglied der Akademie der Wissenschaften der Ukrainischen SSR und Preisträger der Leninprämie Ju. A. Mitropolskij ist ein hervorragender sowjetischer Wissenschaftler auf dem Gebiet der Schwingungstheorie und der Theorie nichtlinearer Differentialgleichungen. Seine Arbeiten zur Untersuchung fundamentaler Probleme der Theorie nichtlinearer Schwingungen und nichtlinearer Differentialgleichungen stellen einen wichtigen Beitrag für die nichtlineare Mechanik und die qualitative Theorie nichtlinearer Differentialgleichungen dar.

Von ihm wurden mehr als 200 wissenschaftliche Arbeiten veröffentlicht, darunter 15 Monografien, von denen sechs ins Englische, Französische, Deutsche, Chinesische und Japanische übersetzt wurden.

Die von Ju. A. Mitropolskij erhaltenen Resultate lassen sich den folgenden fundamentalen Forschungsrichtungen zuordnen:

1. Entwicklung und mathematische Fundierung von Algorithmen zur Konstruktion asymptotischer Entwicklungen nichtlinearer Differentialgleichungen, die instationäre Schwingungsprozesse beschreiben.
2. Entwicklung einer Methode zur Untersuchung einfrequenter Prozesse in Schwingungssystemen mit mehreren Freiheitsgraden.
3. Untersuchung von Systemen nichtlinearer Differentialgleichungen, die Schwingungsprozesse in gyroskopischen und stark nichtlinearen Systemen beschreiben.
4. Entwicklung einer Theorie der Integralmannigfaltigkeiten für kinetische Vorgänge in der nichtlinearen Mechanik und Untersuchung von Stabilitätsproblemen der dabei auftretenden Bewegungen.
5. Ausarbeitung der Mittelungsmethode für Gleichungen mit langsam veränderlichen Parametern, nichtdifferenzierbaren und unstetigen rechten Seiten, für Gleichungen mit nacheilendem Argument, für Gleichungen mit zufälligen Störungen, für partielle Differentialgleichungen und Gleichungen in Funktionenräumen.
6. Entwicklung der Methode der akzelerierten Konvergenz für Probleme der nichtlinearen Mechanik.
7. Entwicklung einer Theorie zur Reduktion linearer Differentialgleichungen mit quasiperiodischen Koeffizienten.

Außerdem gab Ju. A. Mitropolskij mit Hilfe der von ihm entwickelten Methoden eine strenge Erklärung für eine Reihe von Erscheinungen in der nichtlinearen Mechanik, die früher wenig Beachtung fanden. So wurden z. B. von ihm die Schwingungen eines Pendels in nichtlinearer Problemstellung bei veränderlicher Pendellänge ausführlich untersucht. Für einen nichtlinearen Vibrator, auf den eine äußere periodische Kraft mit veränderlicher Frequenz einwirkt, wurden von ihm spezifische Besonderheiten der Amplituden- und Phasenänderung beim Resonanzdurchgang unter verschiedenen Bedingungen entdeckt und erklärt. Interessante Abreißerscheinungen der Amplitude in der Resonanzzone bei Einwirkung einer äußeren periodischen Kraft mit schwankender Frequenz wurden von ihm ebenfalls entdeckt und aufgeklärt.

Es ist zu bemerken, daß die Probleme, die sich auf die zuerst genannte Forschungsrichtung beziehen, für viele Zweige der modernen Technik und Physik eine enorme Bedeutung haben; gleichzeitig sind sie für die qualitative Theorie der Differentialgleichungen von großem eingenständigen Interesse. Es handelt sich hierbei um folgende Probleme: Untersuchung nichtlinearer Differentialgleichungen, die Schwingungen von Übergangsprozessen beschreiben, speziell den Durchgang durch Resonanz; Untersuchung von nichtlinearen Differentialgleichungen zur Beschreibung von Schwingungen in Systemen mit veränderlicher Masse und Festigkeit; Probleme, die mit den Schwingungen von Brücken, Kränen und anderen Objekten unter Berücksichtigung beweglicher Lasten und veränderlicher Kräfte zusammenhängen; Modulatoin von Schwingungen hoher Frequenz durch Schwingungen mit niederen Frequenzen. In Anbetracht der großen prinzipiellen Bedeutung der genannten Probleme muß bemerkt werden, daß es bis zu den Untersuchungen von Ju. A. Mitropolskij keine allgemeine Untersuchungsmethode gab; vorhandene Untersuchungen bezogen sich auf einzelne Spezialfälle, die im wesentlichen von linearer Natur waren. Die existierenden Methoden der nichtlinearen Mechanik zur Untersuchung von Systemen, die sich nur wenig von den linearen unterschieden, waren nur für solche Fälle entwickelt worden, in denen die Parameter des linearen Systems konstant sind.

Nachdem Ju. A. Mitropolskij die hier auftretenden großen prinzipiellen Schwierigkeiten überwunden hatte, gelang es ihm, im darauffolgenden Zyklus seiner Arbeiten effektive Methoden zur Lösung dieser Probleme zu entwickeln, wobei er gleichzeitig für die praktische Anwendung geeignete Rechenverfahren ausarbeitete. Auf diese Weise leistete er einen wichtigen Beitrag zur Entwicklung der asymptotischen Methoden in der nichtlinearen Mechanik.

So wurde von ihm in der Arbeit „Die Anwendung symbolischer Methoden zur Untersuchung nichtlinearer Systeme mit langsam veränderlichen Parametern" (1949) ein effektiver Zugang zur Berechnung von Schwingungssystemen mit einem nichtlinearen Element dargelegt. Das von ihm ausgearbeitete Berechnungsverfahren gestattete, sowohl stationäre Bereiche als auch Einschwingvorgänge zu untersuchen.

In der Arbeit „Erzwungene Schwingungen in nichtlinearen Systemen beim Resonanzdurchgang" (1953) wurden von Ju. A. Mitropolskij verschiedene komplizierte Erscheinungen, die in nichtlinearen Systemen beim Resonanzdurchgang beobachtbar sind, ausführlich untersucht.

Die Resultate, die von Ju. A. Mitropolskij auf seinem ersten Forschungsgebiet erhalten wurden, spielten bei der Berechnung und Projektierung von Prozessen in den verschiedenartigsten Gebieten der modernen Physik und Technik eine bedeutende Rolle. So fand bereits die erste Arbeit Ju. A. Mitropolskijs „Eigenschwingungen in einem nichtlinearen System mit langsam veränderlichen Parametern" (1948) ihre Anwendung für die Berechnung des Schürfkübels eines Baggers. Wenig später wurde die von Ju. A. Mitropolskij entwickelte Methode zur Berechnung moderner Beschleuniger, zur numerischen Untersuchung von Erscheinungen in elektrischen Netzwerken, beim Resonanzdurchgang in Turbinenläufern, Zentrifugen und anderen schwingungsfähigen Systemen verwendet.

Seit 1949 erhielt Ju. A. Mitropolskij eine Reihe fundamentaler Resultate hinsichtlich der Entwicklung einer Einfrequenzmethode zur Untersuchung von Systemen mit endlich oder unendlich vielen Freiheitsgraden, die durch Systeme von Differentialgleichungen beschrieben werden, die einen kleinen Parameter enthalten. Hier ist besonders die Arbeit Ju. A. Mitropolskijs „Untersuchung von Schwingungen in nichtlinearen Systemen mit mehreren Freiheitsgraden und langsam veränderlichen Parametern" (1949) zu erwähnen, in der die Grundlagen für die Konstruktion von

Näherungslösungen für Systeme obiger Art im Falle eines einfrequenten Arbeitsbereiches gelegt wurden.

Einen wesentlichen Beitrag zur Entwicklung der von ihm geschaffenen Methoden stellt die Arbeit „Langsame Prozesse in nichtlinearen Schwingungssystemen mit mehreren Freiheitsgraden“ (1950) dar, in der eine strenge mathematische Fundierung der von Ju. A. Mitropolskij ausgearbeiteten Methode gegeben wird. Besondere Beachtung verdienen hier die Fehlerabschätzungen und speziell ein tiefliegender Satz, der die Stabilitätseigenschaften der Lösungsfamilie der betrachteten Einfrequenzprozesse beschreibt.. Zur Untersuchung einfrequenter Prozesse in Systemen mit verteilten Parametern (und unendlich vielen Freiheitsgraden), die durch partielle Differentialgleichungen beschrieben werden, wurde von Ju. A. Mitrtopolskij ein Verfahren entwickelt (die sogenannte energetische Methode), mit dem die Gleichungen der ersten und höheren Näherungen unter Verwendung der Ausdrücke für die potentielle und kinetische Entergie aufgestellt werden können.

Die Ergebnisse der Arbeiten Ju. A. Mitropolskijs auf diesen Forschungsgebieten fanden zahlreiche Anwendungen bei der Berechnung von Schwingungen in Turbinenläufern, bei der numerischen Untersuchung des Resonanzdurchganges in den Laufschaufeln von Gasturbinen sowie in der Regelungstheorie.

Die asymptotische Methode wurde in den Arbeiten von Ju. A. Mitropolskij und seinen Schülern (B. I. Mosejenkov, D. I. Martynjuk, D. G. Korenevskij u. a.), die sich mit der Untersuchung von Schwingungsprozessen in dynamischen Systemen mit verteilten Parametern und Nachheilung befaßten, weiterentwickelt und verallgemeinert. So wurde in der Arbeit „Untersuchung nichtlinearer Schwingungen in Systemen mit verteilten Parametern und Nacheilung“ (1968) im Rahmen der Untersuchung eines Systems partieller Differentialgleichungen, das sich nur wenig von einem „Quasidiffusions“-System unterscheidet, eine Reihe prinzipiell neuer Eigenschaften von Schwingungsprozessen entdeckt und detailliert untersucht (z. B. das Phänomen der parametrischen Resonanz, die durch Zeit-periodische Veränderungen der Nacheilung hervorgerufen wird, u. a.), die kein Analogon in den Schwingungsvorgängen ohne Nacheilung besitzen. Die asymptotische Methode wurde auch zur Untersuchung einer Gleichung weiterentwickelt, die zu einer speziellen „Quasiwellengleichung“ mit quasilinearen Randbedingungen benachbart ist.

Ju. A. Mitropolskij widmete zusammen mit seinen Schülern V. G. Kolomiec u. a. der Untersuchung des Einflusses von Zufallskräften auf nichtlineare Schwingungsprozesse besondere Aufmerksamkeit. Solche Untersuchungen sind für zahlreiche Probleme in verschiedenen Gebieten der Radiotechnik, Radiophysik, Akustik, Meßtechnik, Hydromechanik von außerordentlicher Bedeutung. Vom mathematischen Standpunkt aus handelt es sich um die Untersuchung stochastischer Differentialgleichungen, deren Lösungen Markovsche Diffusionsprozesse sind. Das Studium der Zufallsprozesse basiert dabei auf der sukzessiven Anwendung der asymptotischen Methoden der nichtlinearen Mechanik und den Methoden der Wahrscheinlichkeitstheorie. Auf der Grundlage dieser Methoden wurde der Einfluß des „weißen Rauschens“ auf autonome und nichtautonome quasilineare Schwingungssysteme untersucht und die stationären Verteilungsdichten der Amplituden, Frequenzen und verschiedener anderer Charakteristiken von Schwingungsprozessen aufgefunden.

In einer Reihe von Arbeiten Ju. A. Mitropolskijs wurde sowohl für die Methode zur Konstruktion asymptotischer Näherungslösungen für Gleichungen mit langsam veränderlichen Parametern als auch für die Untersuchungsmethode von einfrequenten Schwingungen eine strenge mathematische Fundierung gegeben. So wurde von Ju. A. Mitropolskij ein grundlegender Satz bewiesen, der eine Abschätzung der Differenz zwischen der exakten Lösung des zu untersuchenden Differentialgleichungssystems und der m-ten asymptotischen Näherung angibt, die entsprechend der vorgeschlagenen Methode konstruiert wurde. Die angegebene Fehlerabschätzung bezieht sich für den allgemeinen Fall auf ein endliches (aber praktisch hinreichend großes) Zeitintervall.

Zu den Arbeiten der dritten Forschungsrichtung gehören in erster Linie die Arbeit „Über die Schwingungen in gyroskopischen Systemen beim Resonanzdurchgang" (1953), in der Ju. A. Mitropolskij das Problem der Konstruktion asymptotischer Lösungen unter der Bedingung behandelt, daß in dem zu untersuchenden Differentialgleichungssystem gyroskopische Glieder und mehrfache Eigenfrequenzen auftreten, der Artikel „Über instationäre Schwingungen in Systemen mit mehreren Freiheitsgraden" (1954), in dem eine Methode von B. V. Bulgakov zur Reduktion eines Systems mit gyroskopischen Gliedern auf Normalkoordinaten verallgemeinert wird, und die umfangreiche Arbeit „Über einige Gleichungen, die exakt integrierbaren benachbart sind", in der eine originelle Methode zur Konstruktion von Gleichungen der ersten Näherung entwickelt wird, die unmittelbar von einer Funktion ausgeht, die auf der rechten Seite der Gleichung steht.

Die Ergebnisse dieser Forschungen wurden bei der Berechnung komplizierter Erscheinungen in gyroskopischen Systemen und bei theoretischen Untersuchungen in großem Umfang angewendet.

Die von Ju. A. Mitropolskij bewiesenen Sätze, die sich auf die Begründung der Einfrequenzmethode beziehen, bilden die Basis für die Entwicklung der Methode der Integralmannigfaltigkeiten, deren Grundlagen 1945 von N. N. Bogoljubov gelegt wurden.

Seit 1957 erhielt Ju. A. Mitropolskij auf diesem Forschungsgebiet eine Reihe wesentlicher Resultate: In der Arbeit „Über einige Differentialgleichungen, die in der Theorie der Relaxationsschwingungen auftreten" (1957) wendete Ju. A. Mitropolskij diese Methode auf ein Relaxationssystem an und reduzierte dabei das Ausgangssystem auf einer Mannigfaltigkeit auf eine einzige Gleichung. Als Resultat einer ausführlichen Untersuchung der Lösung dieser Gleichung leitete er Kriterien für die Existenz von Zonen parametrischer Resonanz für das betrachtete Relaxationssystem ab, entdeckte die Erscheinung der Quasisynchronisation und verbesserte in zweiter Näherung die Frequenz der asynchronen Schwingungen.

In der Arbeit „Über die Stabilität einer einparametrigen Lösungsfamilie eines Differentialgleichungssystems mit veränderlichen Koeffizienten" (1958) wurde durch Anwendung der von Ju. A. Mitropolskij entwickelten Methode der Integralmannigfaltigkeiten auf die Untersuchung von Gleichungen mit veränderlichen Koeffizienten eine Einfrequenzmethode für nichtlineare Schwingungssysteme begründet, die durch nichtlineare Differentialgleichungen mit langsam veränderlichen Parametern beschrieben werden.

Von ihm wurden ebenfalls eine Reihe von Sätzen über die Existenz und die Eigenschaften von Integralmannigfaltigkeiten von nichtlinearen Differentialgleichungen mit veränderlichen Koeffizienten sowohl im endlichdimensionalen als auch im unendlichdimensionalen Fall erhalten. Im letzteren Fall wurde ein Satz bewiesen, der die Anwendung der Einfrequenzmethode zur Untersuchung von Systemen mit verteilten Parametern begründet.

Die von Ju. A. Mitropolskij ausgearbeiteten Methoden zum Beweis von Existenzsätzen für Integralmannigfaltigkeiten und die von ihm entwickelten effektiven Methoden zu ihrer Berechnung stellen einen wichtigen Beitrag zur Theorie gewöhnlicher Differentialgleichungen dar.

Die Methode der Integralmannigfaltigkeiten wurde in den Arbeiten seiner Schüler O. B. Lykova, A. M. Samojlenko und V. I. Fodčuk weiterentwickelt. Außerdem wurde sie auch in anderen wissenschaftlichen Zentren der UdSSR und des Auslandes, besonders in den USA und in der ČSSR, erforscht und zur Lösung verschiedener

Probleme bei Differentialgleichungen mit einem kleinen Parameter angewendet. Die Resultate auf dem Gebiet der Theorie der Integralmannigfaltigkeiten wurden in den Monografien von JU. A. MITROPOLSKIJ und O. B. LYKOVA „Vorlesungen über die Theorie der Integralmannigfaltigkeiten" (1969) und „Integralmannigfaltigkeiten in der nichtlinearen Mechanik" (1973) ausführlich dargelegt.

Zur fünften Forschungsrichtung gehören die Arbeiten JU. A. MITROPOLSKIJS, die sich auf die Mittelungsmethode beziehen. Nach dem Erscheinen der klassischen Monografie von N. M. KRYLOV und N. N. BOGOLJUBOV „Einführung in die nichtlineare Mechanik" und besonders nach den grundlegenden Arbeiten N. N. BOGOLJUBOVS über die mathematische Fundierung der Mittelungsmethode für eine breite Klasse von Differentialgleichungen wurde diese Methode in weitem Umfang zur praktischen Untersuchung nichtlinearer Schwingungssysteme verwendet.

Die Mittelungsmethode wurde in den Arbeiten JU. A. MITROPOLSKIJS beträchtlich weiterentwickelt und auf verschiedene Klassen von Differentialgleichungen angewendet; insbesondere wurde sie zur Untersuchung von Differentialgleichungssystemen mit langsam veränderlichen Parametern und zur Behandlung von einfrequenten Schwingungsprozessen in solchen Systemen weiterentwickelt. In diesen Fällen bewies JU. A. MITROPOLSKIJ Sätze, die Abschätzungen über die Differenz zwischen den Lösungen der exakten und der gemittelten Gleichungen auf einem endlichen Zeitintervall angeben.

In den Arbeiten von JU. A. MITROPOLSKIJ, die er gemeinsam mit seinen Schülern Z. F. SIRČENKO, A. M. SAMOJLENKO, V. I. FODČUK, B. P. TKAČ und G. P. CHOMA publizierte und die der Ermittlung periodischer Lösungen von Gleichungen in Standardform, deren rechte Seiten nicht differenzierbar sind, und der Untersuchung verschiedener Klassen anderer Gleichungen gewidmet sind, kommt der Entwicklung der Mittelungsmethode große Aufmerksamkeit zu. Speziell wurden eine breite Klasse von Differentialgleichungen mit nacheilendem Argument in Standardform, singulär gestörte Systeme mit Nacheilung, quasilineare partielle Differentialgleichungen mit Nacheilung in der Zeitvariablen und Differenzengleichungen betrachtet. In einer Reihe von Arbeiten wurde die Mittelungsmethode zur Untersuchung von partiellen Differentialgleichungen weiterentwickelt, die Gleichungen vom hyperbolischen Typ benachbart sind. Hierzu ist zu bemerken, daß die Anwendung der Mittelungsmethode dann am besten zum Tragen kommt, wenn die FOURIER-Methode verwendet wird, d. h., man separiert in den partiellen Differentialgleichungen die Variablen. Die erhaltenen abzählbaren Systeme von gewöhnlichen Differentialgleichungen lassen sich leicht in die Standardform überführen. Durch Mittelung und Verkürzung der erhaltenen Systeme gelingt es in zahlreichen Fällen, Resultate zu erhalten, die eine vollständige Analysierung von Schwingungserscheinungen in verschiedenartigsten Systemen mit verteilten Parametern (Stäbe, Balken, Platten, Kanäle, Wellen, Saiten, Membranen usw.) gestatten. Alle diese Resultate sind sowohl in der Monografie JU. A. MITROPOLSKIJS „Vorlesungen über die Mittelungsmethode in der nichtlinearen Mechanik" (1966) als auch in dem Buch „Die Mittelungsmethode in der nichtlinearen Mechanik" (1971) dargelegt.

Zur sechsten Richtung der Arbeiten JU. A. MITROPOLSKIJS gehören die in den letzten Jahren durchgeführten Untersuchungen zur Ausarbeitung der Methode der akzelerierten Konvergenz in Problemen der nichtlinearen Mechanik. Aufbauend auf der grundlegenden Idee N. M. KRYLOVS und N. N. BOGOLJUBOVS über eine spezielle Methode von aufeinanderfolgenden Transformationen, gelang es JU. A. MITROPOLSKIJ, einen Algorithmus zur Untersuchung linearer und auch nichtlinearer Differentialgleichungen mit quasiperiodischen rechten Seiten auszuarbeiten und die Lösungsstruktur nichtlinearer Systeme auf toroidalen Mannigfaltigkeiten und in deren Umgebung zu untersuchen.

In der Arbeit „Über die Konstruktion der allgemeinen Lösung nichtlinearer Differentialgleichungen mit einer Methode, die die akzelerierte Konvergenz gewährleistet" wurde für eine gewisse Klasse nichtlinearer Differentialgleichungen eine analytische Variablentransformation aufgefunden, die das nichtlineare System auf ein System mit konstanten Koeffizienten zurückführt. Damit ist die Möglichkeit gegeben, die allgemeine Lösung des betrachteten nichtlinearen Systems in der Umgebung einer gewissen quasiperiodischen Lösung aufzuschreiben.

Unter Verwendung der Idee, sukzessive Iterationen mit akzelerierter Konvergenz durchzuführen, arbeitete Ju. A. Mitropolskij zusammen mit seinen Schülern O. B. Lykova und anderen für gewisse Klassen von Gleichungen eine Methode zur Konstruktion Ljapunovscher Funktionale aus.

Zusammen mit seinem Schüler A. M. Samojlenko betrachtete Ju. A. Mitropolskij Probleme des Verhaltens von Trajektorien auf einer glatten toroidalen Mannigfaltigkeit beliebiger Dimension und die Aufgabe, ein Fundamentalsystem für die Lösungen linearer Systeme mit quasiperiodischen Koeffizienten zu konstruieren. So wurde von ihnen bewiesen, daß für die Mehrzahl der Systeme auf einem Torus

$$\frac{d\varphi}{dt} = \lambda + f(\varphi) \tag{1}$$

unter der Voraussetzung, daß die Funktion $f(\varphi)$ hinreichend glatt und klein ist, eine differenzierbare Abbildung des Torus existiert, die das System (1) auf die Gestalt

$$\frac{d\Psi}{dt} = \omega$$

transformiert, wobei die Frequenzen $\omega = (\omega_1, \dots, \omega_n)$ stark inkommensurabel sind. Damit wurde gezeigt, daß die Bewegungen auf einem Torus quasiperiodisch sind, so daß folglich jede Trajektorie des betrachteten Systems (3) den gesamten Torus aufspannt.

Unter hinreichend allgemeinen Bedingungen wurde ein Algorithmus zur Konstruktion des Fundamentalsystems der Lösungen eines linearen quasiautonomen Systems angegeben, der auf der Methode der akzelerierten Konvergenz basiert:

$$X = P(\varphi)\, e^{A_0 t}, \tag{3}$$

wobei $P(\varphi) = P(\varphi_1, \dots, \varphi_m)$ eine periodische Vektorfunktion ist und $\omega = (\omega_1, \dots, \omega_m)$ stark inkommensurable Frequenzen sind. Diese Resultate sind in der grundlegenden Monografie „Die Methoden der akzelerierten Konvergenz in der nichtlinearen Mechanik" von N. N. Bogoljubov, Ju. A. Mitropolskij und A. M. Samojlenko enthalten. 1971 wurden von Ju. A. Mitropolskij zusammen mit A. M. Samojlenko mehrfrequente Schwingungen in schwach nichtlinearen Systemen untersucht. Dabei wurden Formeln für die asymptotische Integration solcher Systeme abgeleitet und Bedingungen für die Existenz und Stabilität toroidaler Mannigfaltigkeiten in der Umgebung quasistatischer Gleichgewichtslagen sowohl im Nichtresonanzfall als auch im Resonanzfall angegeben. Diese Resultate wurden zur Untersuchung von Schwingungen in nichtlinearen Systemen zweiter Ordnung angewendet.

Im Zusammenhang mit der stürmischen Entwicklung neuer Forschungsrichtungen in der Plasmaphysik, Radiophysik und Optik wurde dem Problem der Beschreibung nichtlinearer Wellenprozesse in verteilten dynamischen Systemen eine besondere Aufmerksamkeit gewidmet. Dabei wäre es ideal, allgemeine Untersuchungsmethoden für diese Systeme konstruieren zu können, wie es analog in der Theorie nichtlinearer Schwingungen mit konzentrierten Parametern erreicht wurde.

In letzter Zeit legte JU. A. MITROPOLSKIJ zusammen mit seinem Schüler A. K. LOPATIN einen arteigenen Zugang zur Beschreibung von Wellen- und Schwingungsprozessen dar, der auf der klassischen asymptotischen Methode basiert. Dieser Methode liegen Untersuchungen über die Gruppeneigenschaften von Integralmannigfaltigkeiten und die Verwendung der Eigenschaften von Gruppenalgebren beim Übergang zu HILBERT-Räumen zugrunde, die die Entwicklungen in klassische FOURIER-Reihen verallgemeinern. Dieses Vorgehen erlaubt einerseits, die Vorzüge der asymptotischen Methode wie Einfachheit und prinzipielle Realisierung der Algorithmen beizubehalten, andererseits wird der Zusammenhang mit den asymptotischen Methoden der nichtlinearen Mechanik gewährleistet, wodurch vielfältige Möglichkeiten zur Übertragung von Methoden und Aufgabenstellungen auf neue Problemklassen eröffnet werden. Parallel zu diesen Untersuchungen wurden interessante Arbeiten zur Dekomposition von Systemen höherer Ordnungen durchgeführt, die eine große Bedeutung für Ingenieuranwendungen haben.

Die von JU. A. MITROPOLSKIJ erhaltenen Resultate wurden in zahlreichen Arbeiten einer Reihe von Wissenschaftlern sowohl in der Sowjetunion als auch im Ausland (USA, Japan, DDR, Frankreich, Rumänien, Bulgarien, ČSSR und andere) weiterentwickelt. Die von JU. A. MITROPOLSKIJ erarbeiteten Methoden fanden in verschiedenen Gebieten der Mechanik, Technik und Physik, in denen nichtlineare Schwingungsprozesse untersucht werden, eine weite Verbreitung: bei der Berechnung von Schwingungserscheinungen in verschiedenartigen gyroskopischen Systemen, bei der Berechnung von Sputnik- und Raketenflugbahnen, bei der Berechnung von Schiffs- und Gasturbinen, Flugzeugtriebwerken, Turbinen-Luftstrahltriebwerken und Mehrscheibenläufern, in der Theorie der automatischen Steuerung, in der Dynamik von Förderseilen in Gruben, bei der Untersuchung zahlreicher Fragen der Plasmaphysik, speziell bei der Ausarbeitung einer Stabilitätstheroie des Plasmas in homogenen und inhomogenen Feldern, bei der Untersuchung der Bewegung und insbesondere der Stabilität von Strömen beschleunigter Teilchen, in der theoretischen Radiophysik, bei der Untersuchung oszillierender Erscheinungen in Metallen usw.

Ein charakteristischer Zug der Arbeiten JU. A. MITROPOLSKIJS besteht in der allseitigen Untersuchung eines Problems. Er gibt immer einen passenden Algorithmus zur Konstruktion von Näherungslösungen an, seine tiefgehende theoretische Begründung erlaubt, den Fehler der m-ten Näherungslösung im allgemeinen Fall zu bestimmen, außerdem führt er grundlegende theoretische und qualitative Untersuchungen durch.

Die Hauptresultate JU. A. MITROPOLSKIJS, die sich auf die Untersuchung instationärer Schwingungsprozesse in nichtlinearen Systemen sowohl mit einem als auch mit mehreren Freiheitsgraden (sogar mit unendlich vielen) beziehen, sind in der Monografie „Probleme der asymptotischen Theorie instationärer Schwingungen" (1964) dargestellt, die den Inhalt der 1955 erschienenen Monografie „Instationäre Prozesse in nichtlinearen Systemen" mit einschließt und von der es auch drei Ausgaben im Ausland gibt. Über seine Resultate hielt JU. A. MITROPOLSKIJ mehrfach Vorträge auf mathematischen Kongressen und Konferenzen in der UdSSR und im Ausland (Bukarest 1956, Colorado-Springs 1961, Warschau 1962, Berlin 1964, Marseille 1965, Brüssel 1973, Berlin 1975). Er war der Hauptinitiator und Organisator der Internationalen Symposien und Konferenzen über nichtlineare Schwingungen, die in Kiew, Warschau, Berlin und Prag durchgeführt wurden.

Außerdem hielt JU. A. MITROPOLSKIJ Vorträge auf Allunionskongressen über Fragen der Mathematik und Mechanik, auf den Internationalen Mathematiker-Kongressen in Edinburg (1958), Stockholm (1962), auf dem IFAC-Kongreß in Basel (1963), in London (1965), Moskau (1966), Nizza (1970) und Vancouver (1974) und einen Übersichtsvortrag über asymptotische Methoden in der nichtlinearen Mechanik auf dem

X. Internationalen Kongreß über theoretische und angewandte Mechanik in Stresa (1960).

Ju. A. Mitropolskij war 1962 in Stockholm und 1974 in Vancouver Delegierter der UdSSR auf der Sitzung der Internationalen Mathematikervereinigung.

Auf Einladung des internationalen Zentrums zur Durchführung von mathematischen Sommerschulen hielt 1972 Ju. A. Mitropolskij einen Zyklus von Vorlesungen auf der Internationalen Schule für nichtlineare Mechanik in Bressanona (Italien).

Ju. A. Mitropolskij hielt auch mehrfach Vorträge in wissenschaftlichen Zentren der ČSSR, der VR Polen, der USA und KVR.

Ju. A. Mitropolskij verknüpft seine befruchtende wissenschaftliche Arbeit mit einer wissenschaftlich-organisatorischen, pädagogischen und gesellschaftlichen Tätigkeit.

Seit 1958 leitet Ju. A. Mitropolskij das Institut für Mathematik der AdW der Ukrainischen SSR.

Viel Kraft und Energie verwendet Ju. A. Mitropolskij zur Erziehung junger Wissenschaftler.

Seit 1949 hielt Ju. A. Mitropolskij verschiedene Vorlesungen an der Fakultät für Mechanik und Mathematik der Staatlichen Kiewer Universität. In den Jahren, in denen Jurij Alekseevič Leiter der Abteilung Mathematische Physik und Schwingungstheorie am Institut für Mathematik der AdW der Ukrainischen SSR und gleichzeitig Professor des Lehrstuhls für Differentialgleichungen der Staatlichen Kiewer Ševčenko-Universität ist, erwarben sieben seiner Schüler den Grad eines Doktors der Wissenschaften und ungefähr 60 Mitarbeiter promovierten bei ihm.

Seine Schüler sind leitende Mitarbeiter des Lehrstuhls für Differentialgleichungen der Kiewer Universität. Viele seiner Schüler unterrichten Mathematik und Mechanik an anderen Lehranstalten Kiews und der Ukrainischen Sowjetrepublik.

Ein charakteristischer Zug des pädagogischen Talents von Jurij Alekseevič ist seine Fähigkeit, begabte junge Menschen zu erkennen und sie an die große Wissenschaft heranzuführen. Ju. A. Mitropolskij ist der Initiator für die Organisierung von mathematischen Sommerschulen in der Ukraine. Als Leiter der Abteilung Mathematische Physik und nichtlineare Schwingungstheorie, aber auch als Leiter eines wissenschaftlichen Abteilungsseminars schuf Jurij Alekseevič ein großes wissenschaftliches Kollektiv, das auf dem Gebiet der Schwingungstheorie und nichtlinearen Differentialgleichungen arbeitet und die Traditionen der von N. M. Krylov und N. N. Bogoljubov gegründeten Schule für Mechanik erfolgreich fortsetzt und weiterentwickelt.

Seit vielen Jahren ist Ju. A. Mitropolskij Mitglied des Nationalkomitees der sowjetischen Mathematiker und Mitglied des Büros beim Präsidium des Nationalkomitees der sowjetischen Mathematiker.

Am 23. Juli 1971 wurde Ju. A. Mitropolskij zum ausländischen Mitglied der Akademie der Wissenschaften von Bologna gewählt. Aus aufrechter Wissenschaftler und Bürger verbindet Jurij Alekseevič Mitropolskij seine vielseitige wissenschaftliche und wissenschaftsorganisatorische Arbeit erfolgreich mit einer gesellschaftlichen Tätigkeit. Der ausgezeichnete Pädagoge und Wissenschaftsorganisator Ju. A. Mitropolskij ist ein hervorragender sowjetischer Wissenschaftler. Seine Arbeiten besitzen eine große Bedeutung, da sie einen fundamentalen Beitrag für einen außerordentlichen wichtigen Zweig von Wissenschaft und Technik darstellen — die Schwingungstheorie und die Theorie nichtlinearer Differentialgleichungen. Die Monografien von Ju. A. Mitropolskij stellen die Handbücher für Spezialisten der Schwingungstheorie, aber auch für Physiker, Ingenieure und Techniker dar, die sich mit Berechnungen komplizierter Schwingungserscheinungen auf verschiedenen Gebieten der Physik und Technik beschäftigen. Die von Ju. A. Mitropolskij erarbeiteten Methoden finden in der Praxis vieler Konstruktions- und Berechnungsbüros eine ständige Verwendung und werden erfolgreich zur Entdeckung neuer physikalischer Erscheinungen in Schwingungssystemen benutzt.

Partei und Regierung schätzen die vielseitige Tätigkeit des Gelehrten sehr hoch. Für seine hervorragenden Resultate auf dem Gebiet der nichtlinearen Schwingungen und der nichtlinearen Differentialgleichungen wurde JU. A. MITROPOLSKIJ 1965 mit der Leninprämie ausgezeichnet. 1967 wurde ihm für seine Verdienste bei der Entwicklung der sowjetischen Wissenschaft und bei der Heranbildung junger Kader der Ehrentitel „Verdienter Wissenschaftler der Ukrainischen SSR" verliehen. Für die erfolgreiche Erfüllung des Fünfjahrplanes 1965—1970 erhielt JU. A. MITROPOLSKIJ den „Orden der Oktoberrevolution".

Der hervorragende Wissenschaftler, der ausgezeichnete Wissenschaftsorganisator und der talentierte Erzieher der Jugend JURIJ ALEKSEJEVIČ MITROPOLSKIJ ist weltweit bekannt und stellt eine anerkannte Autorität in wissenschaftlichen Kreisen sowohl der Sowjetunion als auch des Auslands dar.

Wir wünschen ihm gute Gesundheit und neue schöpferische Erfolge in seiner vielseitigen wissenschaftlichen Tätigkeit.

Die Anwendung asymptotischer und wahrscheinlichkeitstheoretischer Methoden in der Theorie nichtlinearer Schwingungen stochastischer Systeme

V. G. KOLOMIEC

Das Studium des Einflusses zufälliger Kräfte auf nichtlineare Systeme stellt ein überaus wichtiges Problem dar. Entsprechende Fragestellungen besitzen in vielen Gebieten von Wissenschaft und Technik eine große Bedeutung. Das wachsende Interesse an stochastischen Systemen regte nicht nur zu mathematischen Abhandlungen, sondern auch zu Untersuchungen angewandten Charakters an.

Die iterative Anwendung der asymptotischen Methoden von KRYLOV-BOGOLJUBOV-MITROPOLSKIJ und der Methode zur Behandlung der Gleichungen von KOLMOGOROV-FOKKER-PLANCK erwies sich als ein effektives Verfahren zur Untersuchung zufälliger Prozesse in nichtlinearen stochastischen Schwingungssystemen. Die Anwendung des Mittelungsprinzips von BOGOLJUBOV-MITROPOLSKIJ gestattete, interessante und wichtige Resultate insbesondere für quasilineare Systeme mit einem kleinen Parameter zu erhalten.

Wir betrachten ein autonomes Schwingungssystem mit einem Freiheitsgrad, das sich unter der Einwirkung von stationärem GAUSSschen „weißen Rauschen" befindet und durch die folgende Differentialgleichung zweiter Ordnung

$$\frac{d^2x}{dt^2} + \omega^2 x = \varepsilon f_1\left(x, \frac{dx}{dt}\right) + \sqrt{\varepsilon}\, f_2\left(x, \frac{dx}{dt}\right) \dot{\xi}(t) \tag{1}$$

beschrieben wird, in der ε ein kleiner positiver Parameter ist, ω eine gewisse Konstante bezeichnet, f_1 und f_2 nichtlineare Funktionen sind, die allen notwendigen Bedingungen genügen, und $\dot{\xi}(t)$ das „weiße Rauschen" darstellt, das die verallgemeinerte Ableitung eines WIENER-Prozesses $\xi(t)$ ist $\left(M\xi(t) = 0,\ M\xi^2(t) = t,\right.$ wobei M die mathematische Erwartung ist$\left.\right)$.

Unter einer Lösung von (1) verstehen wir eine Lösung des Systems von stochastischen ITO-Differentialgleichungen

$$\begin{aligned} dx(t) &= y(t)\, dt\,, \\ dy(t) &= [-\omega^2 x(t) + \varepsilon f_1(x(t), y(t))]\, dt + \sqrt{\varepsilon}\, f_2(x(t), y(t))\, d\xi(t) \end{aligned} \tag{2}$$

oder des äquivalenten Systems von Integralsgleichungen

$$\begin{aligned} x(t) &= x_0 + \int_0^t y(s)\, ds\,, \\ y(t) &= y_0 + \int_0^t [-\omega^2 x(s) + \varepsilon f_1(x(x), y(s))]\, ds + \sqrt{\varepsilon} \int_0^t f_2(x(s), y(s))\, d\xi(s)\,. \end{aligned} \tag{3}$$

Gleichung (1) stellt folglich vom mathematischen Standpunkt aus eine quasilineare stochastische Gleichung dar. Bekanntlich ist eine Lösung des Systems (2) ein MARKOVscher Prozeß $\{x(t), y(t)\}$ im Phasenraum des Systems.

Die Dichte $W(x, y, t, x_0, y_0, t_0)$ der gemeinsamen Verteilung dieses Prozesses genügt der Kolmogorov-Fokker-Planck-Gleichung

$$\frac{\partial W}{\partial t} + \frac{\partial}{\partial x}(yW) + \frac{\partial}{\partial y}\{[-\omega^2 x + \varepsilon f_1(x, y)]\, W\} = \frac{\varepsilon}{2}\frac{\partial^2}{\partial y^2}[f_2^2(x, y)\, W] \tag{4}$$

mit der Anfangsbedingung

$$W(x, y, t_0, y_0, t_0) = \delta(x - x_0, y - y_0)$$

und der Normierungsbedingung

$$\int_{-\infty}^{\infty}\int_{-\infty}^{\infty} W(x, y, t, x_0, y_0, t_0)\, dx\, dy = 1;$$

sie ist nicht negativ und nimmt im Unendlichen für alle t ab. Wegen der Kleinheit des Parameters ε können die asymptotischen Methoden von Krylov-Bogoljubov-Mitropolskij angewendet werden. Bei der Anwendung dieser Methode ist es zweckmäßig, von der Gleichung (1) zu einem System von Gleichungen erster Ordnung für die Amplitude und die Phase der zufälligen Schwingungen überzugehen. Wie üblich, führen wir zu diesem Zweck in Gleichung (1) oder (2) eine Variablentransformation entsprechend der Formel

$$x = A\cos(\omega t + \Theta)\,, \qquad \frac{dx}{dt} = y = -A\omega\sin(\omega t + \Theta) \tag{5}$$

durch. Um die Differentialgleichungen für A und Θ aufzustellen, bilden wir das Differential in der ersten Gleichung von (5), berücksichtigen die Itosche Formel und verwenden die zweite Relation in (5). Wir erhalten die Gleichung

$$\begin{gathered}\cos\Psi\, dA - A\sin\Psi\, d\Theta - \sin\Psi\, dA\, d\Theta - \tfrac{1}{2}A\cos\Psi\, d\Theta^2 = 0\,,\\ (\Psi = \omega t + \Theta)\,.\end{gathered} \tag{6}$$

Bilden wir das Differential in der zweiten Gleichung von (5) und setzen in die zweite Gleichung von (2) anstelle von x,y und dy die entsprechenden Ausdrücke ein, so folgt

$$\begin{aligned}-\omega\sin\Psi\, dA - A\omega\cos\Psi\, d\Theta - \omega\cos\Psi\, dA\, d\Theta + \tfrac{1}{2}A\omega\sin\Psi\, d\Theta^2 =\\ = \varepsilon f_1(A\cos\Psi, -A\omega\sin\Psi)\, dt + \sqrt{\varepsilon}\, f_2(A\cos\Psi, -A\omega\sin\Psi)\, d\xi(t)\,.\end{aligned} \tag{7}$$

Lösen wir das Gleichungssystem (6), (7) bezüglich der Unbekannten dA und $d\Theta$ mit einer Genauigkeit bis auf Glieder der Ordnung $O(\varepsilon^2)$, so erhalten wir das folgende System von stochastischen Differentialgleichungen

$$\begin{aligned} dA(t) = {} & \Big[\frac{\varepsilon}{2\omega^2 A} f_2^2(A\cos\Psi, -A\omega\sin\Psi)\cos^2\Psi - \\ & - \frac{\varepsilon}{\omega} f_1(A\cos\Psi, -A\omega\sin\Psi)\sin\Psi\Big]\, dt - \\ & - \frac{\sqrt{\varepsilon}}{\omega} f_2(A\cos\Psi, -A\omega\sin\Psi)\sin\Psi\, d\xi(t)\,, \\ d\Theta(t) = {} & \Big[-\frac{\varepsilon}{\omega^2 A^2} f_2^2(A\cos\Psi, -A\omega\sin\Psi)\sin\Psi\cos\Psi - \\ & - \frac{\varepsilon}{A\omega} f_1(A\cos\Psi, -A\omega\sin\Psi)\cos\Psi\Big]\, dt - \\ & - \frac{\sqrt{\varepsilon}}{A\omega} f_2(A\cos\Psi, -A\omega\sin\Psi)\cos\Psi\, d\xi(t)\,. \end{aligned} \tag{8}$$

Wir bemerken, daß die rechten Seiten der Gleichungen (8) zum kleinen Parameter ε proportional sind, so daß A und Θ sich nur langsam ändernde Zufallsfunktionen der Zeit sind. Die erhaltenen Gleichungen (8) stellen ein System stochastischer Differentialgleichungen in Standardform für einen zweidimensionalen MARKOVschen Diffusionsprozeß dar. Das System (8) kann man auch durch Ersetzen der Variablen in den stochastischen Gleichungen (2) entsprechend den Formeln (5) und durch unmittelbare Anwendung der ITOschen Formel erhalten. Zum Gleichungssystem (8) gehört die folgende KOLMOGOROV-FOKKER-PLANCK-Gleichung:

$$\frac{\partial W}{\partial t} + \frac{\partial}{\partial a}[K_a W] + \frac{\partial}{\partial \Theta}[K_\Theta W] =$$
$$= \frac{1}{2}\left\{\frac{\partial^2}{\partial a^2}[D_a W] + 2\frac{\partial^2}{\partial a\,\partial \Theta}[D_{a\Theta} W] - \frac{\partial^2}{\partial \Theta^2}[D_\Theta W]\right\}, \tag{9}$$

dabei sind $W = W(a, \Theta, t, a_0, \Theta_0, t_0)$ die gemeinsame Verteilungsdichte von Amplitude und Phase, K_a, K_Θ die Abbruchskoeffizienten von Amplitude und Phase, D_a und D_Θ die Diffusionskoeffizienten von Amplitude und Phase und $D_{a\Theta}$ der Mischungsdiffusionskoeffizient von Amplitude und Phase. Die Koeffizienten lassen sich aus (8) leicht bestimmen:

$$\begin{aligned}
K_a &= \frac{\varepsilon}{2\omega^2 a} f_2^2(a\cos\psi, -a\omega\sin\psi)\cos^2\psi - \\
&\quad - \frac{\varepsilon}{\omega} f_1(a\cos\psi, -a\omega\sin\psi)\sin\psi\,, \\
K_\Theta &= -\frac{\varepsilon}{\omega^2 a^2} f_2^2(a\cos\psi, -a\omega\sin\psi)\sin\psi\cos\psi - \\
&\quad - \frac{\varepsilon}{a\omega} f_1(a\cos\psi, -a\,\omega\sin\psi)\cos\omega\,, \\
D_a &= \frac{\varepsilon}{\omega^2} f_2^2(a\cos\psi, -a\omega\sin\psi)\sin^2\omega\,, \\
D_{a\Theta} &= \frac{\varepsilon}{a\omega^2} f_2^2(a\cos\psi, -a\omega\sin\psi)\sin\psi\cos\psi\,, \\
D_\Theta &= \frac{\varepsilon}{a^2\omega^2} f_2^2(a\cos\psi, -a\omega\sin\psi)\cos^2\psi\,.
\end{aligned} \tag{10}$$

Gleichung (9) kann aus Gleichung (4) mittels der Substitution (5) erhalten werden. Gleichung (9) stellt eine parabolische Differentialgleichung in Standardform dar, für die R. Z. CHASMINSKIJ ein Mittelungsprinzip erarbeitete. Nach diesem Prinzip wird die Lösung des CAUCHY-Problems für die Gleichung (9) auf einem hinreichend großen Zeitintervall der Ordnung $O(1/\varepsilon)$ für $\varepsilon \to 0$ durch die Lösung des CAUCHY-Problems für die Gleichung

$$\frac{\partial W_0}{\partial t} + \frac{\partial}{\partial a}[A(a)\,W_0] + \frac{\partial}{\partial \Theta}[B(a)\,W_0] =$$
$$= \frac{1}{2}\left\{\frac{\partial^2}{\partial a^2}[C(a)\,W_0] + 2\frac{\partial^2}{\partial a\,\partial \Theta}[D(a)\,W_0] - \frac{\partial^2}{\partial \Theta^2}[E(a)\,W_0]\right\}, \tag{11}$$

$$A(a)=\frac{1}{2\pi}\int_0^{2\pi}K_a\,d\psi\,,\qquad B(a)=\frac{1}{2\pi}\int_0^{2\pi}K_\Theta\,d\psi\,,$$

$$C(a)=\frac{1}{2\pi}\int_0^{2\pi}D_a\,d\psi\,,\qquad D(a)=\frac{1}{2\pi}\int_0^{2\pi}D_{a\Theta}\,d\psi\,,\tag{12}$$

$$E(a)=\frac{1}{2\pi}\int_0^{2\pi}D_\Theta\,d\psi$$

gleichmäßig approximiert.

Bekanntlich kann man die Mittelung in den Standardgleichungen (8) direkt durchführen. Der Anwendbarkeit asymptotischer Methoden auf stochastische Differentialgleichungen sind eine beträchtliche Anzahl von Untersuchungen gewidmet. Erste Resultate auf diesem Gebiet erhielt I. I. Gichman. Weitere Ergebnisse sind in den Arbeiten von R. Z. Chasminskij, I. I. Gichman, R. L. Stratonovič, J. Vrkoč, Ju. A. Mitropolskij und V. G. Kolomiec, E. F. Zarkov, B. V. Bondarev, Ja. S. Brodskij und anderer Autoren enthalten.

Unter einem gemittelten System stochastischer Differentialgleichungen, die zum System (8) gehören, verstehen wir das folgende System:

$$\begin{aligned} d\bar{A} &= \bar{f}_1^{(1)}(\bar{A})\,dt+\sigma_{11}(\bar{A})\,d\xi_1(t)+\sigma_{12}(\bar{A})\,d\xi_2(t)\,,\\ d\bar{\Theta} &= \bar{f}_1^{(2)}(\bar{A})\,dt+\sigma_{12}(\bar{A})\,d\xi_1(t)+\sigma_{22}(\bar{A})\,d\xi_2(t)\,. \end{aligned}\tag{13}$$

Dabei gilt

$$\bar{f}_1^{(1)}=\underset{t}{M}\left\{-\frac{\varepsilon}{\omega}f_1(\bar{A}\cos\bar{\Psi},-\bar{A}\omega\sin\bar{\Psi})\sin\bar{\Psi}+\right.$$
$$\left.+\frac{\varepsilon}{2\omega^2\bar{A}}f_2^2(\bar{A}\cos\bar{\Psi},-\bar{A}\omega\sin\bar{\Psi})\cos^2\bar{\Psi}\right\},$$

$$\bar{f}_1^{(2)}=\underset{t}{M}\left\{-\frac{\varepsilon}{\bar{A}\omega}f_1(\bar{A}\cos\bar{\Psi},-\bar{A}\omega\sin\bar{\Psi})\cos\bar{\Psi}-\right.$$
$$\left.-\frac{\varepsilon}{\omega^2\bar{A}^2}f_2^2(\bar{A}\cos\bar{\Psi},-\bar{A}\omega\sin\bar{\Psi})\sin\bar{\Psi}\cos\bar{\Psi}\right\},$$

die Matrix (σ_{ik}) ist die Quadratwurzel aus der symmetrischen Matrix

$$\begin{pmatrix} \varepsilon\underset{t}{M}f_2^2(\bar{A}\cos\bar{\Psi},-\bar{A}\omega\sin\bar{\Psi})\sin^2\bar{\Psi} & \dfrac{\varepsilon}{\bar{A}\omega^2}\underset{t}{M}f_2^2(\bar{A}\cos\bar{\Psi},-\bar{A}\omega\sin\bar{\Psi})\sin\bar{\Psi}\cos\bar{\Psi}\\ \dfrac{\varepsilon}{\bar{A}\omega^2}\underset{t}{M}f_2^2(\bar{A}\cos\bar{\Psi},-\bar{A}\omega\sin\bar{\Psi})\sin\bar{\Psi}\cos\bar{\Psi} & \dfrac{\varepsilon}{\bar{A}^2\omega^2}\underset{t}{M}f_2^2(\bar{A}\cos\bar{\Psi},-\bar{A}\omega\sin\bar{\Psi})\cos^2\bar{\Psi} \end{pmatrix},$$

$\xi_1(t)$ und $\xi_2(t)$ sind Wienersche Prozesse, $\underset{t}{M}$ ist der Mittelungsoperator

$$\underset{t}{M}\,\{V(\Psi)\}=\frac{1}{2\pi}\int_0^{2\pi}V(\Psi)\,d\Psi\,.$$

Unter gewissen Annahmen konvergiert der Markovsche Prozeß $\{A(t),\Theta(t)\}$ auf dem Intervall $0\leqq t\leqq L/\varepsilon$ gegen den Markovschen Prozeß $\{\bar{A}(t),\bar{\Theta}(t)\}$.

Im Falle einer periodischen äußeren Kraft in (1) unterscheidet man den Resonanz- und den Nichtresonanzfall. Im Nichtresonanzfall besitzt das gemittelte System die Gestalt (13). Im Resonanzfall hat das gemittelte System die Form

$$\begin{aligned} d\bar{A} &= \bar{f}_1^{(1)}(\bar{A}, \bar{\Theta})\,dt + \sigma_{11}(\bar{A}, \bar{\Theta})\,d\xi_1(t) + \sigma_{12}(\bar{A}, \bar{\Theta})\,d\xi_2(t)\,, \\ d\bar{\Theta} &= \bar{f}_1^{(2)}(\bar{A}, \bar{\Theta})\,dt + \sigma_{12}(\bar{A}, \bar{\Theta})\,d\xi_1(t) + \sigma_{22}(\bar{A}, \bar{\Theta})\,d\xi_2(t)\,. \end{aligned} \tag{14}$$

Dabei gilt

$$\bar{f}_1^{(1)} = \underset{t}{M}\left\{-\frac{\varepsilon s}{\nu r} f_1\left(\nu t, \bar{A}\cos\bar{\Psi}, -\bar{A}\,\frac{r}{s}\,\nu\sin\bar{\Psi}\right)\sin\bar{\Psi} + \right.$$

$$\left. + \frac{\varepsilon s^2}{2\bar{A}r^2\nu^2} f_2^2\left(\nu t, \bar{A}\cos\bar{\Psi}, -A\,\frac{r}{s}\,\nu\sin\bar{\Psi}\right)\cos^2\bar{\Psi}\right\},$$

$$\bar{f}_1^{(2)} = \frac{\varepsilon\,\Delta s}{2\nu r} + \underset{t}{M}\left\{-\frac{\varepsilon s}{r\nu\bar{A}} f_1\left(\nu t, \bar{A}\cos\bar{\Psi}, -\bar{A}\,\frac{r}{s}\,\nu\sin\bar{\Psi}\right)\cos\bar{\Psi} - \right.$$

$$\left. - \frac{\varepsilon s^2}{\bar{A}^2 r^2 \nu^2} f_2^2\left(\nu t, \bar{A}\cos\bar{\Psi}, -\bar{A}\,\frac{r}{s}\,\nu\sin\bar{\Psi}\right)\sin\bar{\Psi}\cos\bar{\Psi}\right\},$$

$$\omega^2 = \left(\frac{r}{s}\,\nu\right)^2 + \varepsilon\Delta\,, \qquad \bar{\Psi} = \frac{r}{s}\,\nu t + \bar{\Theta}\,,$$

σ_{11}, σ_{12} und σ_{22} werden ebenfalls wie in (13) definiert. $\underset{t}{M}$ bezeichnet dabei den Mittelungsoperator bezüglich der Zeit

$$\underset{t}{M}\,\{U(t)\} = \lim_{T\to\infty}\frac{1}{T}\int_0^T U(t)\,dt\,.$$

Bei der Analyse von Schwingungssystemen mit zufälligen Einwirkungen spielt die stationäre Verteilungsdichte der Amplitude eine wichtige Rolle, weil die stationären Punkte dieser Dichte (falls sie existieren) stabilen bzw. instabilen Zuständen des Ausgangssystems entsprechen, je nachdem ob in ihnen ein Maximum oder ein Minimum angenommen wird. Wir betrachten ein in der Radiotechnik sehr verbreitetes System, das durch die VAN DER POLsche Gleichung beschrieben wird und auf das „weißes Rauschen" einwirkt:

$$\frac{d^2x}{dt^2} + x = \varepsilon(1 - x^2)\,\frac{dx}{dt} + \sqrt{\varepsilon}\,\sigma\dot{\xi}(t)\,. \tag{15}$$

Die gemittelte stationäre KOLMOGOROV-FOKKER-PLANCK-Gleichung für die stationäre Verteilungsdichte der Amplitude $W_{0\,st}^{(a)}$ besitzt in diesem Fall die Gesalt

$$\frac{d}{da}\left\{\left[\frac{a}{2}\left(1 - \frac{a^2}{4}\right) + \frac{\sigma^2}{4a}\right] W_{0\,st}(a)\right\} = \frac{\sigma^2}{4}\,\frac{d^2 W_{0\,st}(a)}{da^2}\,. \tag{16}$$

Unter Berücksichtigung der Randbedingungen $W_{0\,st}^{(a)} \to 0$ und $dW_{0\,st}^{(a)}/da \to 0$ für $a \to \infty$ kann Gleichung (16) leicht integriert werden:

$$W_{0\,st}^{(a)} = Cae^{-\frac{a^4}{8\sigma^2} + \frac{a^2}{\sigma^2}}\,, \tag{17}$$

wobei die Konstante C aus der Normierungsbedingung der Funktion $W_{0st}^{(a)}$ ermittelt wird. Eine Analyse von (17) ergibt, daß $W_{0st}^{(a)}$ sein eindeutiges Maximum im Punkt

$$a = \sqrt{2 + 2\sqrt{1 + \frac{\sigma^2}{2}}} \tag{18}$$

annimmt. Somit treten im System (15) erzwungene zufällige stabile Schwingungen mit der Amplitude (18) auf.

Im Falle des Systems

$$\frac{d^2x}{dt^2} + [1 + \sqrt{\varepsilon}\,\sigma\dot{\xi}(t)]\,x = \varepsilon(1 - x^2)\,\frac{dx}{dt} \tag{19}$$

sind zufällige Schwingungen mit der Amplitude

$$a = 2\sqrt{1 + \frac{\sigma^2}{8}} \tag{20}$$

möglich. Für $0 < \sigma < 1$ besitzen die zufälligen Schwingungen in beiden Fällen annähernd die gleiche Amplitude $2 + (\sigma^2/8)$. Unter Verwendung der oben dargelegten Methode wurden nichtlineare stochastische Systeme mit langsam veränderlichen Parametern, quasilineare stochastische Systeme mit Nacheilung und mit Impulseinwirkung und nichtlineare Systeme mit zufälliger Nacheilung untersucht. Ebenfalls wurden Sätze über die Mitteilung in Systemen von Differential- und Integrodifferentialgleichungen mit zufälligen Parametern bewiesen.

Abschließend möchte der Autor Ju. A. Mitropolskij für sein ständiges Interesse an dieser Problematik herzlich danken.

Literatur

[1] Боголюбов, Н. Н., О некоторых статистических методах в математической физике, Moskau, 1945.

[2] Боголюбов, Н. Н., и Ю. А. Митропольский, Асимптотические методы в теории нелинейных колебаний, Moskau, 1974.

[3] Митропольский, Ю. А., Метод усреднения в нелинейной механике, Kiew 1971.

[4] Гихман, И. И., и А. В. Скороход, Теория случайных процессов, том 3, Moskau 1975.

[5] Гихман, И. И., и А. В. Скороход, Стохастические дифференциальные уравнения, Kiew, 1968.

[6] Стратонович, Р. Л., Избранные вопросы теории флюктуаций в радиотехнике, Kiew, 1961.

[7] Хасьминский, Р. С., О принципе усреднения для параболических и эллиптических дифференциальных уравнений и марковских процессов с малой диффузией, Теория вероятн. и её примен., **1**, 1963.

[8] Митропольский, Ю. А., и В. Г. Коломиец, Усреднение в стохастических систем, Укр. Матем. журнчж **3**, 1971.

[9] Митропольский, Ю. А., и В. Г. Коломиец, Применение асимптотических методов в стохастических системах, в сб. „приближённые методы исследования нелинейных систем", Исд. Ин-та матем. АН УССР 1976.

Asymptotische Zerlegung von Systemen nichtlinearer gewöhnlicher Differentialgleichungen

A. K. Lopatin

Der Frage nach der Transformation nichtlinearer Systeme ist eine umfangreiche Literatur gewidmet. In letzter Zeit ist das Interesse an solchen Problemstellungen noch gewachsen, da in der Praxis häufig Systeme von hoher Ordnung auftreten. Eine große Anzahl von Arbeiten über die asymptotische Zerlegung nichtlinearer Systeme basiert auf den Methoden der nichtlinearen Mechanik [1—3]. Das Ziel der Zerlegung besteht darin, die Lösung eines Differentialgleichungssystems hoher Ordnung durch die aufeinanderfolgende Lösung von Systemen kleinerer Dimension zu ersetzen. Diese Methode ist besonders dann interessant, wenn die erhaltenen Teilsysteme gleichzeitig gelöst werden können. Bedingungen für die Zerlegbarkeit (Reduzierbarkeit) von Systemen wurden in der Arbeit [4] betrachtet. In den Anwendungen begegnet man häufig dem Fall, daß in gewissen komplizierten Systemen die einzelnen funktionellen Teilsysteme nicht voneinander unabhängig arbeiten, was einer vollständigen Reduzierbarkeit des Ausgangssystems entsprechen würde, sondern von~~einander abhängig sind~~. Dabei führt sogar eine schwache Abhängigkeit im Funktionsablauf des Systems zu globalen qualitativen Änderungen des Systemverhaltens. Aus diesem Grunde kommt der Untersuchung des Charakters einer solchen Wechselwirkung ein großes Interesse zu.

In der vorliegenden Arbeit wird auf der Grundlage der Methoden der nichtlinearen Mechanik [1] und der Konzeption der Arbeit [5] die asymptotische Zerlegung eines Systems der Gesalt

$$\frac{dx}{dt} = A(x, t) + \varepsilon B(x, t), \qquad x(t_0) = x_0 \tag{1}$$

untersucht, wobei $x = (x_1, \dots, x_n)$ ein n-dimensionaler Vektor ist, ε einen kleinen positiven Parameter darstellt und die Vektorfunktionen $A(x, t) = \{a_1(x, t), \dots, a_n(x, t)\}$, $B(x, t) = \{b_1(x, t), \dots, b_n(x, t)\}$ in einem gewissen Gebiet Ψ bezüglich x als holomorph und bezüglich t, $t \in 0, \infty)$ als stetig differenzierbar vorausgesetzt werden. Zur Vereinfachung beschränken wir uns auf die Betrachtung des Cauchy-Problems für das System (1).

Wir setzen voraus, daß für $\varepsilon = 0$ das ungestörte System

$$\frac{dx}{dt} = A(x, t) \tag{2}$$

vollständig reduzierbar im Sinne von [4] ist, d. h., es existiert im Gebiet Ψ eine Transformation $z = \psi(x)$, die das System (2) in ein äquivalentes System derselben Ordnung überführt, das in eine Anzahl von Teilsystemen zerfällt, die in den neuen Koordinaten voneinander unabhängig sind.

Wir nehmen an, daß (2) bereits vollständig reduziert ist und daß das System (1) die Gestalt

$$\begin{cases} \dfrac{dx_{1\sigma}}{dt} = \sum_{j=1}^{\sigma}{}' \beta_j^\sigma(\delta, t)\, \varphi_{j1\sigma}(x_\sigma) + \varepsilon\omega_{1\sigma}(x, t)\,, \\ \dots \quad \dots\dots\dots\dots\dots\dots \\ \dfrac{dx_{\sigma\sigma}}{dt} = \sum_{j=1}^{\sigma}{}' \beta_j^\sigma(\delta, t)\, \varphi_{j\sigma\sigma}(x_\sigma) + \varepsilon\omega_{\sigma\sigma}(x, t) \end{cases} \tag{3}$$

besitzt, wobei σ die Werte einer gewissen Menge $\mu(\nu_1, \dots, \nu_g)$, $\nu_1 + \dots + \nu_g = n$, durchläuft, $\delta = (\delta_1, \dots, \delta_m)$ ein Parametervektor ist und x_σ den Vektor der Phasenkoordinaten

$$(x_{1\sigma}, \dots, x_{\sigma\sigma})\,, \ \sigma \in \mu\,; \ x_{1\nu_1} = x_1, \dots, x_{\nu_1\nu_1} = x_{\nu_1}, \dots, x_{1\nu_g} = x_{1\nu_1} + \dots + x_{\nu_{g-1}}, \dots, x_{\nu_g\nu_g} = x_n$$

darstellt.

Das Problem besteht in der Ermittlung der Koordinatentransformation

$$x = f_0(t, z) + \varepsilon f_1(t, z) + \varepsilon^2 f_2(t, z) + \dots\,, \tag{4}$$

die (1) in die Gestalt

$$\begin{aligned} \frac{dz_{1\sigma}}{dt} &= \sum_{j=1}^{\sigma}{}' \sum_{k=0}^{\infty}{}' \varepsilon^k \beta_{jk}^\sigma(t, z_1)\, \varphi_{j1\sigma}(z_\sigma)\,, \\ \dots \quad & \dots\dots\dots\dots\dots\dots \\ \frac{dz_{\sigma\sigma}}{dt} &= \sum_{j=1}^{\sigma}{}' \sum_{k=0}^{\infty}{}' \varepsilon^k \beta_{jk}^\sigma(t, z_\sigma)\, \varphi_{j\sigma\sigma}(z_\sigma) \end{aligned} \tag{5}$$

überführt, wobei

$$\beta_{j\sigma}^\sigma = \beta_j^\sigma\,, \qquad \sigma \in \mu\,, \qquad j = \overline{1, \sigma}$$

gilt.

Die Vektorfunktionen $f_0, f_1, \dots$ werden als Koeffizienten gewisser linearer Differentialoperatoren erster Ordnung aus einem vollständigen System linearer partieller Differentialgleichungen erster Ordnung definiert, d. h. letztlich aus einem System gewöhnlicher Differentialgleichungen.

Damit wird anhand der Transformation (4) das Ausgangssystem (1) auf g Teilsysteme zurückgeführt, die bezüglich der Koordinaten z voneinander unabhängig sind und deren Wechselwirkung durch die Glieder der Reihe (4) beschrieben wird.

Im weiteren beschränken wir uns auf die Konstruktion formaler Transformationen, wobei wir die asymptotische Äquivalenz der Lösung des Systems (1) und der Reihe (4) nicht untersuchen. Die Begründung dieser Methode stellt den Gegenstand einer gesonderten Untersuchung dar.

1. Wir betrachten das System (3). Dieses System ist hinsichtlich der Bestimmung einer allgemeinen Lösung äquivalent der folgenden linearen partiellen Differentialgleichung erster Ordnung

$$\begin{aligned} Y(f) &= \frac{\partial f}{\partial x_{n+1}} + \left(\sum_{j=1}^{\sigma}{}' \beta_j^\sigma \varphi_{j1\sigma} + \varepsilon\omega_{1\sigma}\right) \frac{\partial f}{\partial x_{1\sigma}} + \dots + \left(\sum_{j=1}^{\sigma}{}' \beta_j^\sigma \varphi_{j\sigma\sigma} + \varepsilon\omega_{\sigma\sigma}\right) \frac{\partial f}{\partial x_{\sigma\sigma}} = \\ &= \frac{\partial f}{\partial x_{n+1}} + \beta_1^\sigma X_{1\sigma}^0(f) + \dots + \beta_\sigma^\sigma X_{\sigma\sigma}^0 + \varepsilon \tilde{X}_\sigma(f) = 0\,, \qquad \sigma \in \mu\,, \end{aligned} \tag{6}$$

wobei $t = x_{n+1}$ ist.

Die Operatoren $X^0_{1\sigma}, \dots, X^0_{\sigma\sigma}, \tilde{X}_\sigma, \sigma \in \mu$, werden durch Umordnung der Summanden erhalten und haben die Gestalt

$$X^0_{k\sigma} = \varphi_{k1\sigma} \frac{\partial}{\partial x_{1\sigma}} + \dots + \varphi_{k\sigma\sigma} \frac{\partial}{\partial x_{\sigma\sigma}},$$
$$\tilde{X}_\sigma = \omega_{1\sigma} \frac{\partial}{\partial x_{1\sigma}} + \dots + \omega_{\sigma\sigma} \frac{\partial}{\partial x_{\sigma\sigma}}, \qquad k = \overline{1, \sigma}, \qquad \sigma \in \mu . \tag{7}$$

Die Operatoren $X^0_{k\sigma}$, $k = 1, \dots, \sigma$, $\sigma \in \mu$, stellen die Basis für die Algebren P_k dar, die die Eigenschaften [4]

$$P = P_1 + \dots + P_g, \qquad [P_i, P_j] = 0, \qquad [P_i, P_i] = P_i, \qquad i, j = 1, \dots, g,$$

besitzen, wobei [,] die POISSONsche Klammer bedeutet, d. h.

$$[A, B] = AB - BA = A]B .$$

Bei festem σ hängt die Gruppe der Operatoren $X^0_{k\sigma}$ sowohl hinsichtlich der Koeffizienten als auch bezüglich der Ableitungen nur vom Variablenvektor z_σ ab. Alle Basisoperatoren $X^0_{k\sigma}$, $k = 1, \dots, g$, $\sigma \in \mu$, sind in Ψ linear unabhängig.

Infolge der Unabhängigkeit der Operatoren $X^0_{k\sigma}$, $k = 1, \dots, g$, $\sigma \in \mu$, können die Operatoren (7) bezüglich dieser Basis entwickelt werden

$$\tilde{X}_\sigma = \varrho_{1\sigma}(t, x)\, X^0_{1\sigma} + \dots + \varrho_{\sigma\sigma}(t, x)\, X^0_{\sigma\sigma}, \qquad \sigma \in \mu .$$

Wir ordnen die Operatoren $\beta^\sigma_1(x_\sigma)\, X^0_{1\sigma}, \dots, \beta^\sigma_\sigma X^0_{\sigma\sigma}$ nach wachsendem σ und führen eine durchgehende Numerierung ein:

$$X^0_1 = \beta^{\nu_1}_{1\nu_1}(x_{n+1}, x_\sigma)\, X^0_{1\nu_1}, \dots, X^0_{\nu_1} = \beta^{\nu_1}_{\nu_1\nu_1}(x_{n+1}, x_\sigma)\, X^0_{\nu_1\nu_1},$$
$$X^0_{\nu_1+\dots+\nu_{g-1}+1} = \beta^{\nu_g}_{1\nu_g} X^0_{1\nu_g}, \dots, X^0_n = \beta^{\nu_g}_{\nu_g\nu_g}(x_{n+1}, x_\sigma)\, X^0_{\nu_g\nu_g} . \tag{8}$$

Entsprechend verwenden wir für die $\tilde{X}_k$ die Darstellung

$$\tilde{X}_{1\nu_1} = \varrho_{1\nu_1}(x_{n+1}, x)\, X^0_{1\nu_1}, \dots, \tilde{X}_{\nu_1} = \varrho_{\nu_2\nu_2}(x_{n+1}, x)\, X^0_{\nu_2\nu_2},$$
$$\tilde{X}_{\nu_1+\dots+\nu_{g-1}+1} = \varrho_{1\nu_g}(x_{n+1}, x)\, X^0_{1\nu_g}, \dots, \tilde{X}_n = \varrho_{\nu_g\nu_g}(x_{n+1}, x)\, X^0_{\nu_g\nu_g} . \tag{9}$$

Durch Einsetzen von (8) und (9) in (6) erhalten wir die folgende Beziehung

$$X^1(f) = \frac{\partial f}{\partial x_{n+1}} + \left(X^0_1(f) + \varepsilon \tilde{X}_1(f)\right) + \dots + \left(X^0_n(f) + \varepsilon \tilde{X}_n(f)\right) = X^0_{n+1} + X_0 + \varepsilon \tilde{X}, \tag{10}$$

wobei

$$X^0_{n+1} = \frac{\partial f}{\partial x_{n+1}}, \qquad X_0 = X^0_1 + \dots + X^0_n, \qquad \tilde{X} = \tilde{X}_1 + \dots + X_n$$

gilt.

In (10) substituieren wir

$$x = e^{-\varepsilon S} z = \left(1 - \frac{1}{1!} \varepsilon S + \frac{1}{2!} \varepsilon^2 S^2 + \dots\right) z, \tag{11}$$

wobei $z = (z_1, \dots, z_{n+1})$ der Vektor der neuen Phasenveränderlichen ist und S durch

$$S = S_1 + \varepsilon S_2 + \dots \tag{12}$$

definiert wird, wobei $\xi_{ij}(z)$ vorläufig unbestimmte Koeffizienten sind.

Auf Grund bekannter Eigenschaften der Transformation (11) erhalten wir für den Operator (10)

$$X_z = Z - \varepsilon S]\, Z - \varepsilon^2 \frac{1}{2!} S]^2\, Z + \dots\,, \tag{13}$$

wobei

$$Z = Z_{n+1}^0 + Z_0 + \varepsilon \tilde{Z}$$

ist und $Z_{n+1}^0, Z_0, \tilde{Z}$ aus $X_{n+1}^0, X_0, \tilde{X}$ durch Ersetzen von x durch z erhalten werden.

Setzen wir (13) in (12) ein und ordnen nach Potenzen von ε, so erhalten wir

$$\begin{aligned} X_z = Z_{n+1}^0 + Z_0 - \varepsilon\{\tilde{Z} + (Z_{n+1}^0 + Z_0)]\, S_1\} + \\ + \varepsilon^2\{(Z_{n+1}^0 + Z_0)]\, S_2 - S_1]\, \tilde{Z}\} + \dots\,. \end{aligned} \tag{14}$$

Wir versuchen jetzt, durch eine entsprechende Wahl der Operatoren S_i zu erreichen, daß jeder Summand in (14) der Algebra P angehört.

Es sei R der Projektor auf die Algebra P. Zur Erreichung des gestellten Zieles ist notwendig, das folgende rekurrente System von Operatorgleichungen zu lösen

$$(Z_{n+1}^0 + Z_0)]\, S_1 = -\tilde{Z} + R\tilde{Z}\,, \qquad (Z_{n+1}^0 + Z_0)]\, S_2 = S_1]\, \tilde{Z} - R(S_1]\, \tilde{Z})\,. \tag{15}$$

Hierbei gehören die rechten Seiten von (15) zur Algebra L, die dem gestörten System (3) entspricht. Offensichtlich gilt $P < L$. Wir beweisen jetzt die Lösbarkeit der Gleichungen vom Typ (15), wobei wir sie zur Vereinfachung der Schreibweise in der Form

$$(Z_{n+1}^0 + Z_0)]\, S = f(Z_{n+1}, Z_0) \tag{16}$$

darstellen. $f(Z_{n+1}, Z_0)$ ist dabei ein bekannter linearer Differentialoperator erster Ordnung.

Auf Grund der Unabhängigkeit der Basisoperatoren $Z_{n+1}^0, Z_1^0, \dots, Z_n^0$ können die rechten Seiten von (16) als Summen dargestellt werden

$$f(Z_{n+1}, Z_0) = \sum_{j=1}^{n+1} c_j(z)\, Z_j^0\,. \tag{17}$$

Den Operator S kann man ebenfalls in Form einer Summe suchen:

$$S = \sum_{j=1}^{n+1} \gamma_j(z)\, Z_j^0\,. \tag{18}$$

Wir setzen (17) und (18) in (16) ein:

$$\begin{aligned} \sum_{j=1}^{n+1} \{Z_{n+1}^0(\gamma_j)\, Z_j^0 + \gamma_j[Z_{n+1}^0, Z_j^0] + Z_1^0(\gamma_j)\, Z_j^0 + \gamma_j[Z_1^0, Z_j^0] + \\ + \dots + Z_n^0(\gamma_j)\, Z_j^0 + \gamma_j[Z_n^0, Z_j^0] = \sum_{j=1}^{n+1} c_j Z_j^0\,. \end{aligned} \tag{19}$$

Aus der Abgeschlossenheit des Operatorsystems Z_j^0 folgt

$$\begin{pmatrix} [Z_{n+1}^0, Z_j^0] \\ [Z_1^0, Z_j^0] \\ \dots\dots \\ [Z_n^0, Z_j^0] \end{pmatrix} = \left(\alpha_{ik}^j(z)\right) \begin{pmatrix} Z_{n+1}^0 \\ Z_1^0 \\ \dots \\ Z_n^0 \end{pmatrix} \qquad i, k = \overline{1, n+1}\,. \tag{20}$$

Wir bezeichnen die Matrix (α^j_{ik}) mit A_j. Durch Einsetzen von (20) in (19) erhalten wir das folgende System von partiellen Differentialgleichungen erster Ordnung für γ_j

$$\begin{cases} Z^0_{n+1}(\gamma_1) + Z^0_1(\gamma_1) + \dots + Z^0_n(\gamma_1) = c_1 - \sum\limits_{j=1}^{n+1} \gamma_j \xi^j_1 \,, \\ Z^0_{n+1}(\gamma_2) + Z^0_1(\gamma_2) + \dots + Z^0_n(\gamma_2) = c_2 - \sum\limits_{j=1}^{n+1} \gamma_j \xi^j_2 \,, \\ \dots\dots\dots\dots\dots\dots\dots\dots\dots\dots \\ Z^0_{n+1}(\gamma_{n+1}) + Z^0_1(\gamma_{n+1}) + \dots + Z^0_n(\gamma_{n+1}) = c_n - \sum\limits_{j=1}^{n+1} \gamma_j \xi^j_{n+1} \,, \end{cases} \tag{21}$$

wobei ξ^j_k die Summe der Elemente der k-ten Spalte der Matrix A_j bezeichnet. Das System (21) stellt ein System von $(n+1)$ Gleichungen mit gleichartiger rechter Seite dar und ist einer homogen linearen partiellen Differentialgleichung erster Ordnung für eine Funktion von $2n+2$ Veränderlichen [6] äquivalent:

$$Z(\varphi) = Z^0_{n+1}(\varphi) + Z^0_1(\varphi) + \dots + Z^0_n(\varphi) + \sum_{k=1}^{n+1} \eta_k \frac{\partial \varphi}{\partial \gamma_k} = 0 \,, \tag{22}$$

wobei

$$\eta_k = c_k - \sum_{j=1}^{n+1} \gamma_j \xi^j_k \,, \qquad k = \overline{1,\, n+1}$$

ist.

Die Gleichung (22) ist ihrerseits dem System von $2n+1$ gewöhnlichen Differentialgleichungen äquivalent

$$\begin{cases} \dfrac{dz_1}{dz_{n+1}} = Z(z_1) \,, \\ \dots\dots\dots\dots \\ \dfrac{dz_n}{dz_{n+1}} = Z(z_n) \,, \end{cases} \tag{23}$$

$$\begin{cases} \dfrac{d\gamma_1}{dz_{n+1}} = Z(\gamma_1) = c_1 - \sum\limits_{j=1}^{n+1} \gamma_j \xi^j_1 \,, \\ \dots\dots\dots\dots\dots\dots\dots\dots \\ \dfrac{d\gamma_{n+1}}{dz_{n+1}} = Z(\gamma_{n+1}) = c_{n+1} - \sum\limits_{j=1}^{n+1} \gamma_j \xi^j_{n+1} \,. \end{cases} \tag{24}$$

Wie aus der Struktur der Operatoren $Z^0_{n+1}, Z^0_1, \dots, Z^0_n$ folgt, können die n Gleichungen von (23) unabhängig von den letzten $(n+1)$ Gleichungen integriert werden. Nach Einsetzen der Lösung von (23) in (24) erhalten wir ein System von inhomogenen gewöhnlichen Differentialgleichungen mit veränderlichen Koeffizienten.

Auf diese Weise erhalten wir mittels der Transformation (11) und nach der Ermittlung der Operatoren $S_1, S_2, \dots$ aus dem Gleichungssystem (15) für X_z in (14) den Ausdruck

$$X_z = Z^0_{n+1} + Z_0 + \varepsilon R\tilde{Z} + \varepsilon^2 R(S]\,\tilde{Z}) + \dots \,.$$

Wegen $X_z \in P$ stellen wir X_z als Summe der Operatoren $P_1, \dots, P_v$ dar. Das zu dieser Darstellung gehörende System von gewöhnlichen Differentialgleichungen besitzt die Gestalt (5). Wir fassen das dargelegte Resultat in Form eines Satzes zusammen.

Satz. Gegeben sei ein nichtlineares Differentialgleichungssystem der Gestalt (3). Für $\varepsilon = 0$ sei das System vollständig reduzibel. Es existiert dann eine formale Koordinatentransformation (11), die das System (3) in ein vollständig reduzibles System (5) transformiert. Die Operatoren der Transformation (11) werden durch sukzessive Integration des vollständig reduziblen Systems (23) (d. h. der nullten Näherung von (3)) und des linearen Differentialgleichungssystems (24) mit variablen Koeffizienten aufgefunden.

Um die Projektion eines gewissen Operators Z aus L auf die Subalgebra P aufzufinden, ist es ausreichend, bei den partiellen Ableitungen nach den Veränderlichen z_σ, $\sigma \in \mu$, nur diejenigen Koeffizienten auszuwählen, die von z_σ abhängen. Infolge der Holomorphie der Koeffizienten von Z können letztere nach Potenzen von z entwickelt werden, so daß in den Ableitungen $\partial/\partial z_\sigma$ nur die Produkte $z_{i_1}^{k_1} \dots z_{i_\sigma}^{k_m}$, $i_1, \dots i_\sigma \in \sigma$, aufzutreten.

Die Forderung nach Analytizität der Koeffizienten in (3) bezüglich x kann durch die Voraussetzung, daß sie zur Klasse C^1 gehören, wesentlich abgeschwächt werden.

Die dargelegten Resultate können ohne Schwierigkeit auf Systeme der Gestalt

$$\varepsilon^\varrho \frac{dx}{dt} = A(x, t) + \varepsilon B(x, t)\,, \qquad x(t_0) = x_0$$

übertragen werden, wobei ϱ eine ganze Zahl ist.

Wesentliche Vereinfachungen bei der Ermittlung der reduzierenden Transformationen treten bei der Untersuchung autonomer Systeme (3) und beim Spezialfall auf, wenn die Algebren P und L endlichdimensional sind bzw. P kommutativ ist.

Außer der Eigenschaft der Zerlegbarkeit der ersten Näherung von (3) kann man noch weitere Eigenschaften betrachten, so z. B. den Schwingungscharakter der Lösung, die Beschränktheit u. a. Diese Untersuchungen stellen den Gegenstand einer gesonderten Arbeit dar.

Literatur

[1] Bogoljubov, N. N., und Mitropolskij, Ju. A., Asymptotische Methoden in der Theorie nichtlinearer Schwingungen, Berlin 1965.

[2] Булгаков Б. В., О преобразовании уравнений движения неконсервативных систем, ДАН СССР, т. XIУ, 3, 1944.

[3] Фещенко, С. Ф., Шкиль, Н. И., Николенко, Л. Д., Асимптотические методы в теории линейных дифференциальных уравнений, Kiew 1966.

[4] Митропольский, Ю. А., Лопатин, А. К., О преобразовании систем нелинейных дифференциальных уравнений к простой структуре, Доклад на 6. международной конференции по нелинейным колебаниям 1972, опубликовано: Nonlinear Vibration Problems, Warszawa 1974.

[5] Povzner, A., Linear Methods in problems of non-linear differential equations with a small parameter, Int. J. Non-Linear Mechanics, 9, N. 4, 1974.

[6] Courant, R., und Hilbert, D., Methoden der Mathematischen Physik III, Berlin 1968

Über eine Anwendung der Methode der akzelerierten Konvergenz in der Stabilitätstheorie

O. B. Lykova und A. A. Bojčuk

1. Einleitung

Nach dem Erscheinen der Arbeiten von A. N. Kolmogorov [1], N. N. Bogoljubov [2] und W. I. Arnold [3—5] erfuhr die Methode der sukzessiven Iteration mit akzelerierter Konvergenz in der Theorie der Differentialgleichungen eine große Verbreitung. Dabei ist bemerkenswert, daß N. M. Krylov und N. N. Bogoljubov bereits im Jahre 1934 mit dieser Methode di eFrage nach der Existenz eines quasiperiodischen Schwingungsverhaltens mit zwei Grundfrequenzen in einem nichtlinearen Schwingungssystem untersucht haben. Die von ihnen erhaltenen Näherungen waren im allgemeinen jedoch divergent. Nach dem Erscheinen der Arbeiten von A. N. Kolmogorov und W. I. Arnold modifizierte N. N. Bogoljubov diese Methode, so daß die Konvergenz der entsprechenden Entwicklungen garantiert werden konnte. Im Jahre 1964 entwickelte Ju. A. Mitropolskij [6] diese Methode weiter, so daß sie auch auf das Problem der Reduktion einer Klasse von nichtlinearen Differentialgleichungen angewendet werden konnte. E. G. Belaga [7] betrachtete die Frage der Reduzierbarkeit eines Systems gewöhnlicher Differentialgleichungen in der Umgebung einer bedingt periodischen Bewegung. Eine Reihe von Ergebnissen, die mit der Entwicklung der Methode der akzelerierten Konvergenz für die Reduktion linearer quasiautonomer Gleichungen zusammenhängen, wurde von A. M. Samoilenko [8] erhalten. Durch Anwendung der Technik der Glättungsoperatoren übertrugen J. Moser [9] und A. M. Samoilenko [10] diese Methoden auf den Fall von Differentialgleichungen mit nicht analytischen, aber hinreichend glatten rechten Seiten. 1968 wurde diese Methode von O. B. Lykova und B. M. Bogatyrev zur Reduktion von Differentialgleichungen im Banach-Raum weiterentwickelt.

In der vorliegenden Arbeit wird dargelegt, wie diese Methode zur Konstruktion von Ljapunovschen Funktionen für Systeme linearer quasiautonomer Differentialgleichungen der Gestalt

$$\frac{dx}{dt} = Ax + P(\varphi)\,x\,, \qquad \frac{d\varphi}{dt} = \omega \tag{1.1}$$

verwendet werden kann. Dabei ist x ein n-Vektor, A und $P(\varphi)$ sind $n \times n$-Matrizen, φ und ω sind m-Vektoren, wobei $\varphi = (\varphi_1, \dots, \varphi_m)$ die Frequenzbasis der Matrixfunktion $P(\varphi)$ darstellt. Derartige Systeme treten häufig in der Theorie linearer mehrfrequenter Schwingungen auf.

Es ist bekannt, daß eines der zentralen Probleme im Rahmen der Theorie der zweiten Ljapunovschen Methode in der Ermittlung der Ljapunovschen Funktion (LF) besteht. Im Zusammenhang damit besitzen konstruktive Verfahren zur Bestimmung einer LF eine besondere Bedeutung [12—16].

Es soll noch bemerkt werden, daß sich die Bedeutung der LF nicht allein in der Möglichkeit der Bestimmung des Stabilitätsverhaltens des zu untersuchenden Systems erschöpft. Mit Hilfe der LF kann eine Reihe wichtiger Anwendungsprobleme gelöst werden, so z. B. das Abschätzen des Bereiches der Anfangsstörungen, damit die

Grenzen eines vorgegebenen Bereiches im Laufe der Zeit nicht überschritten werden, das Abschätzen der Dauer eines Übergangsprozesses (Regulationszeit); ebenso kann der Einfluß ständig wirkender Störungen abgeschätzt und das Problem der Existenz oder Nichtexistenz periodischer Lösungen behandelt werden.

2. Iterationsschema zur Konstruktion einer LF

Wir beschreiben jetzt die von uns erarbeitete Methode zur Konstruktion einer LF für Systeme linearer Differentialgleichungen mit quasiperiodischen Koeffizienten vom Typ (1.1), die auf der Methode der sukzessiven Iteration mit akzelerierter Konvergenz beruht, wobei wir folgende Voraussetzungen über die Matrizen A und $P(\varphi)$ treffen:

a) Die Frequenzbasis von $P(\varphi)$ erfüllt die Bedingung der strengen Inkommensurabilität

$$|k, \omega)| \gtreqqless \varepsilon \, |k|^{-d} \tag{2.1}$$

für alle ganzzahligen Vektoren $k = (k_1, \dots, k_m)$ und gewisse positive Konstanten ε, d. Dabei gilt $(k, \omega) = k_1\omega_1 + \dots + k_m\omega_m$, $|k| = \sum_{i=1}^{m}{}' |k_i| \neq 0$.

b) Die Eigenwerte der Matrix A sind reell und verschieden. (Für periodische Systeme kann man diese Bedingung durch die folgende weniger einschränkende Bedingung ersetzen: $\lambda_i - \lambda_j + i(k, \omega) \neq 0$, $i, j = 1, \dots, n$.)

c) Die Matrix $P(\varphi)$ ist 2π-periodisch in φ, hinreichend klein ($|P(\varphi)| \leqq M_0$) und hinreichend oft differenzierbar. Die grundlegende Idee besteht in folgendem:

Als LF[1]) für das System (1.1) bezeichnen wir die quadratische Form einer veränderlichen Matrix $V(\varphi)$

$$V(\varphi, x) = x^T V(\varphi)\, x\,. \tag{2.2}$$

Als totale Ableitung von $V(\varphi, x)$ längs der Trajektorien des Systems (1.1) erhalten wir

$$\left.\frac{dV(\varphi, x)}{dt}\right|_{(1.1)} = Y(\varphi, x) = x^T Y(\varphi)\, x\,. \tag{2.3}$$

Daraus folgt für die unbekannten Matrizen $V(\varphi)$ und $Y(\varphi)$ die Differentialgleichung

$$\frac{dV(\varphi)}{dt} + [A^T + P(\varphi)^T]\, V(\varphi) + V(\varphi)\, [A + P(\varphi)] = V(\varphi)\,. \tag{2.4}$$

[1]) Wir bemerken, daß wir die folgende Definition einer LF verwenden: Als LF für das System (1.1) bezeichnen wir eine beliebige reelle Funktion $V(\varphi, x)$ der reellen Variablen φ und x, die in einem Gebiet G: $\varphi \in \Omega$, $x \in U$ definiert ist und den beiden folgenden Bedingungen genügt:

1. $V(\varphi, 0) = 0$, $\left.\frac{dV}{dt}\right|_{(1.1)} (\varphi, 0) = 0$.
2. $V(\varphi, x)$ und $\left.\frac{dV}{dt}\right|_{(1.1)} (\varphi, x)$ sind für alle $(\varphi, x) \in G$ stetig und eindeutig.

Im weiteren wird diese Funktion in Abhängigkeit von dem zu betrachtenden System spezielle Eigenschaften besitzen (definit, semidefinit, vorzeichenveränderlich, unendlich kleiner limes superior).

Die Aufgabe, eine LF für das System (1.1) zu bestimmen, führt somit auf das Problem, die Lösung der Differentialgleichung (2.4) zu ermitteln. Dabei ist aber zu bemerken, daß wir nicht an allen Lösungen von (2.4) interessiert sind.

Wir betrachten den $(n^2 + 1)$-dimensionalen Raum P_φ der Koeffizienten des Systems (1.1). Als Stabilitätsgebiet $L(V)$ im Parameterraum des Systems (1.1), dem die LF $V(\varphi, x)$ des Systems (1.1) entspricht, bezeichnen wir die Punkte des Koeffizientenraumes P_φ, in denen $V(\varphi, x)$ für $\varphi \in \Omega$ und $x \in U$ definit und $\left.\frac{dV}{dt}\right|_{(1.1)} (\varphi, x)$ semidefinit sind, aber sich im Vorzeichen unterscheiden.

Zu jeder LV $V(\varphi, x)$ gehört ein bestimmtes Stabilitätsgebiet $L(V)$. Wir interessieren uns für solche LF, denen ein maximales $L(V)$-Gebiet entspricht, d. h., das Stabilitätsgebiet $L(\tilde{V})$ einer anderen LF $\tilde{V}(\varphi, x)$ ist in $L(V)$ enthalten. Das Problem der Konstruktion einer LF $V(\varphi, x)$ für das System (1.1) wird folglich nicht einfach auf das Problem der Ermittlung irgendeiner Lösung der Differentialgleichung (2.4) zurückgeführt, vielmehr soll eine solche Lösung bestimmt werden, deren zugehörige LF ein maximales $L(V)$-Gebiet besitzt. Anders ausgedrückt (unter Verwendung der Terminologie in [14]): Es muß eine solche Lösung von (2.4) bestimmt werden, deren zugehörige LF notwendige und hinreichende Bedingungen für die Stabilität der Nulllösung des Systems (1.1) liefert. Bevor wir den Iterationsprozeß zur Konstruktion einer LF beschreiben, führen wir die Definition einer genäherten LF für das System (1.1) ein.

Definition 1. Unter einer *genäherten LF* für das System (1.1) (z. B. mit einer Genauigkeit bis auf Größen, die sich von M_0 um einen Fehler der Größenordnung 2^{-k} unterscheiden — im folgenden mit $O_{M_0}(2^k)$-Genauigkeit bezeichnet) verstehen wir eine Funktion $V(\varphi, x)$, die die LF für ein gewisses System darstellt, das das Ausgangssystem (1.1) mit der Genauigkeit der zu betrachtenrden Näherung approximiert (z. B. mit $O_{M_0}(2^k)$-Genauigkeit).

Definition 2. Unter einer *genäherten totalen Ableitung der LF* $V(\varphi, x)$ für das System (1.1) längs der Trajektorien des Systems (1.1) (mit $O_{M_0}(2^k)$-Genauigkeit) verstehen wir die totale Ableitung der genäherten LF längs eines Systems, das das Ausgangssystem (1.1) mit der Genauigkeit der zu betrachtetenden Näherung (mit $O_{M_0}(2^k)$-Genauigkeit) approximiert.

Aus diesen Definitionen folgt, daß zur Bestimmung der genäherten LF $V(\varphi, x)$ für das System (1.1) und ihrer genäherten totalen Ableitung $\left.\frac{dV(\varphi, x)}{dt}\right|_{(1.1)}$ (z. B. mit $O_{M_0}(2^k)$-Genauigkeit) Gleichung (2.4) mit der entsprechenden Genauigkeit der zu betrachtenden Näherung gelöst werden muß (mit $O_{M_0}(2^k)$-Genauigkeit). Die Näherungswerte $V(\varphi, x)$ und $Y(\varphi, x)$ (mit $O_{M_0}(2^k)$-Genauigkeit) werden durch Einsetzen der Werte $V(\varphi)$ und $Y(\varphi)$ in die Ausdrücke (2.2) und (2.3) ermittelt. Dabei wird Gleichung (2.4) mit der Genauigkeit der zu betrachtenden Näherungslösung so gelöst, daß die entsprechende genäherte LF $V(\varphi, x)$ notwendige und hinreichende Bedingungen für die Stabilität der Nullösung des Systems (1.1) mit der zu betrachtenden Genauigkeit liefert.

Zur Lösung von Gleichung (2.4) benutzen wir sukzessive Iterationen, die diese Gleichung mit der vorgegebenen Genauigkeitsordnung in eine Matrixdifferentialgleichung mit konstanten Koeffizienten transformieren.

Als erste Iteration verwenden wir

$$V(\varphi) = [E + u_1^T(\varphi)]\, V_1[E + u_1(\varphi)]\,, \qquad Y(\varphi) = [E + u_1^T(\varphi)]\, Y_1[E + u_1(\varphi)]\,. \tag{2.5}$$

Durch Einsetzen von (2.5) in die Gleichung (2.4) erhalten wir

$$\left[\frac{du_1^T(\varphi)}{dt} + A^T + P^T(\varphi) + A^T u_1^T(\varphi) + P^T(\varphi)\, u_1^T(\varphi)\right] V_1([E + u_1(\varphi)] +$$
$$+ [E + u_1^T(\varphi)]\, V_1 \left[\frac{du_1(\varphi)}{dt} + A + P(\varphi) + u_1(\varphi)\, A + u_1(\varphi)\, P(\varphi)\right] =$$
$$= [E + u_1^T(\varphi)]\, Y_1[E + u_1(\varphi)]\,. \tag{2.6}$$

Addieren und Subtrahieren wir auf der linken Seite der Gleichung (2.6) den Ausdruck

$$[P_0^T + u_1^T(\varphi)\, A^T + u_1^T(\varphi)\, P_0^T]\, V_1[E + u_1(\varphi)] +$$
$$+ [E + u_1^T(\varphi)]\, V_1[P_0 + A u_1(\varphi) + P_0 u_1(\varphi)]\,,$$

so erhalten wir nach einer entsprechenden Umgruppierung die Matrixgleichung

$$A_1^T V_1 + V_1 A_1 + P_1^T(\varphi)\, V_1 + V_1 P_1(\varphi) = Y_1\,, \tag{2.7}$$

wobei

$$A_1 = A + P_0\,, \qquad P_0 = \frac{1}{(2\pi)^m} \int_0^{2\pi} \cdots \int_0^{2\pi} P(\varphi)\, d\varphi_1 \dots d\varphi_m\,,$$
$$P_1(\varphi) = [u_1(\varphi)\, P(\varphi) - P_0 u_1(\varphi)]\, [E + u_1(\varphi)]^{-1}$$

gilt, falls $u_1(\varphi)$ eine Lösung der Matrix-Differentialgleichung

$$\frac{du_1(\varphi)}{dt} + u_1(\varphi)\, A - A u_1(\varphi) + P(\varphi) - P_0 = 0 \tag{2.8}$$

ist und $u_1^T(\varphi)$ eine Lösung der zu (2.8) transponierten Gleichung

$$\frac{du_1^T(\varphi)}{dt} + A^T u_1^T(\varphi) - u_1^T(\varphi)\, A^T + P^T(\varphi) - P_0^T = 0$$

darstellt.

Auf der Grundlage der Resultate, die in der Monografie [17] von N. N. BOGOLJUBOV, JU. A. MITROPOLSKIJ und A. M. SAMOILENKO enthalten sind, kann man zeigen, daß unter den oben angeführten Voraussetzungen a) bis c) die Matrizen $P_1(\varphi)$ und folglich auch $P_1^T(\varphi)$ $O_{M_0}(2^2)$-Genauigkeit besitzen. Folglich können wir eine Lösung der Gleichung (2.7) mit $O_{M_0}(2^2)$-Genauigkeit ermitteln, falls wir die Matrixgleichung mit konstanten Koeffizienten

$$A_1^T V_1 + V_1 A_1 = Y_1 \tag{2.9}$$

lösen.

Bei der zweiten Iteration substituieren wir in (2.4)

$$\begin{aligned} V(\varphi) &= [E + u_1^T(\varphi)]\, [E + u_2^T(\varphi)]\, V_2[E + u_2(\varphi)]\, [E + u_1(\varphi)]\,, \\ Y(\varphi) &= [E + u_1^T(\varphi)]\, [E + u_2^T(\varphi)]\, Y_2[E + u_2(\varphi)]\, [E + u_1(\varphi)] \end{aligned} \tag{2.10}$$

und erhalten nach einer Reihe von Umformungen die folgende Gleichung zur Bestimmung von V_2 und Y_2:

$$A_2^T V_2 + V_2 A_2 + P_2^T(\varphi)\, V_2 + V_2 P_2(\varphi) = Y_2\,, \tag{2.11}$$

wobei

$$A_2 = A_1 + P_{1,0} = A + P_0 + P_{1,0}\,,$$
$$P_{1,0} = \frac{1}{(2\pi)^m} \int_0^{2\pi} \cdots \int_0^{2\pi} P_1(\varphi)\, d\varphi_1 \dots d\varphi_m\,,$$
$$P_2(\varphi) = [u_2(\varphi)\, P_1(\varphi) - P_{1,0} u_2(\varphi)]\, [E + u_2(\varphi)]^{-1}$$

gilt, falls $u_2(\varphi)$ und $u_2^T(\varphi)$ Gleichungen vom Typ (2.8) genügen. Berücksichtigen wir unsere oben angeführten Überlegungen über die Genauigkeitsordnung der Lösungen der Gleichung (2.8), so folgt, daß unter der Voraussetzung, daß $P_1(\varphi)$ und $P_1^T(\varphi)$ $O_{M_0}(2^2)$-Genauigkeit besitzen, $P_2(\varphi)$ und $P_2^T(\varphi)$ die Genauigkeitsordnung $O_{M_0}(2^4)$ besitzen. Somit erhalten wir die Lösung von Gleichung (2.11) mit $O_{M_0}(2^4)$-Genauigkeit aus der Gleichung

$$A_2^T V_2 + V_2 A_2 = Y_2 \,. \tag{2.12}$$

Setzen wir diesen Iterationsprozeß fort, so kann mittels Induktion gezeigt werden: Falls wir im $(s-1)$-ten Iterationsschritt Gleichung (2.4) mittels der Substitution

$$\begin{aligned} V(\varphi) &= \prod_{i=1}^{s-1} [E + u_i^T(\varphi)]\, V_{s-1} \prod_{i=s-1}^{1} [E + u_i(\varphi)]\,, \\ Y(\varphi) &= \prod_{i=1}^{s-1} [E + u_i^T(\varphi)]\, Y_{s-1} \prod_{i=s-1}^{1} [E + u_i(\varphi)] \end{aligned} \tag{2.13}$$

in eine Matrixgleichung

$$A_{s-1}^T V_{s-1} + V_{s-1} A_{s-1} + P_{s-1}^T(\varphi)\, V_{s-1} + V_{s-1} P_{s-1}(\varphi) = Y_{s-1} \tag{2.14}$$

überführen, wobei die Relationen

$$A_{s-1} = A + P_0 + \sum_{i=1}^{s-2}{}' P_{i,0}\,,$$

$$P_{i,0} = \frac{1}{(2\pi)^m} \int_0^{2\pi} \cdots \int_0^{2\pi} P_i(\varphi)\, d\varphi_1 \ldots d\varphi_m \qquad (i = 1, \ldots, s-2)\,,$$

$$P_i(\varphi) = [u_1(\varphi)\, P_{i-1}(\varphi) - P_{i-1,0} u_i(\varphi)]\, [E + u_i(\varphi)]^{-1}\,,$$

$$P_i^T(\varphi) = [E + u_1^T(\varphi)]^{-1}\, [P_{i-1}^T(\varphi)\, u_i^T(\varphi) - u_i^T(\varphi)\, P_{i-1,0}^T] \qquad (i = 1, \ldots, s-1)$$

gelten, $P_{s-1}(\varphi)$ die Genauigkeitsordnung $O_{M_0}(2^{s-1})$ besitzt und $u_i(\varphi)$ $(i = 1, \ldots, s-1)$ Lösungen der Matrix-Differentialgleichungen

$$\frac{du_i(\varphi)}{dt} + u_i(\varphi)\, A_{i-1} - A_{i-1} u_i(\varphi) + P_{i-1}(\varphi) - P_{i-1,0} = 0 \tag{2.15}$$

sind, dann erhalten wir im s-ten Iterationsschritt mit Hilfe der Transformation

$$\begin{aligned} V(\varphi) &= \prod_{i=1}^{s} [E + u_i^T(\varphi)]\, V_s \prod_{i=s}^{1} [E + u_i(\varphi)]\,, \\ Y(\varphi) &= \prod_{i=1}^{s} [E + u_i^T(\varphi)]\, Y_s \prod_{i=s}^{1} [E + u_i(\varphi)] \end{aligned} \tag{2.16}$$

aus (2.4) die Gleichung

$$A_s^T V_s + V_s A_s + P_s^T(\varphi)\, V_s + V_s P_s(\varphi) = Y_s\,, \tag{2.17}$$

wobei die Relationen

$$A_s = A_{s-1} + P_{s-1,0} = A + P_0 + \sum_{k=1}^{s-1}{}' P_{k,0}\,,$$

$$P_{s-1,0} = \frac{1}{(2\pi)^m} \int_0^{2\pi} \cdots \int_0^{2\pi} P_{s-1}(\varphi)\, d\varphi_1 \ldots d\varphi_m\,,$$

$$P_s(\varphi) = [u_s(\varphi)\, P_{s-1}(\varphi) - P_{s-1,0} u_s(\varphi)]\, [E + u_s(\varphi)]^{-1}$$

gelten, $P_s(\varphi)$ die Genauigkeitsordnung $O_{M_0}(2^s)$ besitzt und $u_s(\varphi)$ eine Lösung der Matrix-Differentialgleichung

$$\frac{du_s(\varphi)}{dt} + u_s(\varphi) A_{s-1} - A_{s-1}u_s(\varphi) + P_{s-1}(\varphi) - P_{s-1,0} = 0 \tag{2.18}$$

ist. Auf diese Weise erhalten wir im s-ten Iterationsschritt mittels der Transformation (2.16) die Gleichung (2.17), für die eine Lösung mit der Genauigkeitsordnung $O_{M_0}(2^s)$ aus der Matrixgleichung mit konstanten Koeffizienten

$$A_s^T V_s + V_s A_s = Y_s \tag{2.19}$$

bestimmt werden kann. Folglich wird im s-ten Iterationsschritt durch die Relationen (2.2), (2.3) und (2.15) eine LF $V(\varphi, x)$ für das System (1.1) und ihre totale Ableitung $Y(\varphi, x)$ mit der Genauigkeitsordnung $O_{M_0}(2^s)$ definiert.

Verwenden wir die Resultate der Arbeit [18] von Ju. A. Mitropolskij und A. M. Samoilenko, so können wir anhand der Abschätzungen der Matrizen $u_i(\varphi)$ leicht die gleichmäßige Konvergenz der Folgen

$$\prod_{i=1}^{s} [E + u_i^T(\varphi)], \qquad \prod_{i=s}^{1} [E + u_i(\varphi)] \tag{2.20}$$

sowie die gleichmäßige Konvergenz der Reihen

$$A + P_0 + \sum_{i=1}^{\infty} P_{i,0}, \qquad A^T + P_0^T + \sum_{i=1}^{\infty} P_{i,0}^T \tag{2.21}$$

nachweisen.

Wir führen jetzt die Bezeichnungen

$$\begin{aligned} &\lim_{s\to\infty} \prod_{i=1}^{s} [E + u_i^T(\varphi)] = \Phi^T(\varphi), \qquad &&\lim_{s\to\infty} \prod_{i=s}^{1} [E + u_i(\varphi)] = \Phi(\varphi), \\ &A^T + P_0^T + \sum_{i=1}^{\infty} P_{i,0}^T = A_0^T, \qquad &&A + P_0 + \sum_{i=1}^{\infty} P_{i,0} = A_0 \end{aligned} \tag{2.22}$$

ein. Die Periodizität der Grenzfunktionen $\Phi(\varphi)$ und $\Phi^T(\varphi)$ folgt aus der Periodizität der Funktionen $u_i(\varphi)$, $u_i^T(\varphi)$. Es ist nicht schwer zu zeigen, daß $\Phi(\varphi)$ und $\Phi^T(\varphi)$ reguläre und differenzierbare Matrizen sind.

Unter der Voraussetzung, daß für die Gleichung (2.4) die Bedingungen a) bis c) erfüllt sind, können wir somit behaupten, daß Gleichung (2.4) mittels der Transformation

$$V(\varphi) = \Phi^T(\varphi)\, V_0 \Phi(\varphi), \qquad Y(\varphi) = \Phi^T(\varphi)\, Y_0 \Phi(\varphi), \tag{2.23}$$

wobei $\Phi(\varphi)$ und $\Phi^T(\varphi)$ durch (2.22) definiert werden, nicht singulär und stetig differenzierbar sind, in eine Gleichung der Gestalt

$$A_0^T V_0 + V_0 A_0 = Y_0 \tag{2.24}$$

übergeführt wird, wobei die Relationen

$$P_{i,0} = \frac{1}{(2\pi)^m} \int_0^{2\pi} \cdots \int_0^{2\pi} P_i(\varphi)\, d\varphi_1 \ldots d\varphi_m,$$

$$P_i(\varphi) = [u_i(\varphi) P_{i-1}(\varphi) - P_{i-1,0} u_i(\varphi)] [E + u_i(\varphi)]^{-1}$$

$$(i = 1, 2, \ldots)$$

gelten und $u_i(\varphi)$ $(i = 1, 2, \ldots)$ Lösungen der Matrix-Differentialgleichungen

$$\frac{du_i(\varphi)}{dt} + u_i(\varphi)\, A_{i-1} - A_{i-1} u_i(\varphi) + P_{i-1}(\varphi) - P_{i-1,0} = 0\,, \tag{2.25}$$

$$A_i = A + P_0 + \sum_{k=1}^{i-1} P_{k,0}\,, \qquad A_0 = A \tag{2.26}$$

sind.

Um unter Verwendung der dargelegten Methode eine LF $V(\varphi, x)$ für das System (1.1) und ihre totatel Ableitung $Y(\varphi, x)$ mit einer Genauigkeitsordnung $O_{M_0}(2^k)$ zu konstruieren (k ist eine beliebig vorgegebene natürliche Zahl), ist es somit notwendig, k Matrix-Differentialgleichungen vom Typ (2.25) und eine Matrix-Differentialgleichung vom Typ (2.24) zu lösen. Anschließend werden die ermittelten Matrizen $u_i(\varphi)$, $u_i^T(\varphi)$ $(i = 1, 2, \ldots, k)$, V_k und Y_k in die entsprechenden Formeln vom Typ (2.16) und abschließend in (2.2) und (2.3) eingesetzt. Die Lösbarkeit der Gleichungen vom Typ (2.25) ist gesichert, falls die Bedingungen a) bis c) erfüllt sind. Zur Lösung der Matrixgleichung vom Typ (2.24) kann das in [19] dargelegte Verfahren verwendet werden. Es sei $V(\varphi, x)$ eine LF für das System (1.1) und $Y(\varphi, x)$ ihre vollständige Ableitung, die anhand der oben beschriebenen Methode konstruiert wurden. $V(\varphi, x)$ und $Y(\varphi, x)$ besitzen somit die Gestalt

$$V(\varphi, x) = x^T \Phi^T(\varphi)\, V_0 \Phi(\varphi)\, x\,, \tag{2.27}$$

$$Y(\varphi, x) = x^T \Phi^T(\varphi)\, Y_0 \Phi(\varphi)\, x\,, \tag{2.28}$$

wobei V_0 und Y_0 als Lösungen der Matrixgleichung (2.24) definiert werden.

Unsere weitere Aufgabe besteht darin zu zeigen, daß die auf diese Weise konstruierte LF notwendige und hinreichende Bedingungen für die Stabilität der Nullösung des Systems (1.1) liefert.

3. Hauptsatz

Der folgende Satz behauptet, daß die in Abschnitt 2 konstruierte LF notwendige und hinreichende Bedingungen für die Stabilität der Nullösung des Systems (1.1) liefert.

Satz 3.1. *Für die Stabilität der Nullösung des Systems* (1.1) *ist notwendig und hinreichend, daß die durch die Formel* (2.27) *definierte quadratische Form* $V(\varphi, x)$ *positiv definit und die durch die Formel* (2.28) *definierte quadratische Form* $Y(\varphi, x)$ *negativ semidefinit oder identisch Null ist.*

Daß die aufgeführten Bedingungen für die Stabilität der Nullösung hinreichend sind, ist offensichtlich. Im folgenden beweisen wir, daß sie auch notwendig sind.

Wir nehmen an, daß die Nullösung des Systems (1.1) stabil ist. Wie aus [18] folgt, gilt für die Eigenwerte λ_i^0 $(i = 1, \ldots, n)$ der Matrix A_0 die Ungleichung $\operatorname{Re} \lambda_i^0 \leqq 0$, wobei die Eigenwerte mit verschwindendem Realteil einfache Elementarteiler besitzen. Die Matrizen V_0 und Y_0, die durch Gleichung (2.24) definiert werden, sind, wie in [19] gezeigt wurde, positiv definit bzw. negativ semidefinit oder identisch Null. Folglich ist die reelle symmetrische Matrix $\tilde{V}(\varphi) = \Phi^{-1}(\varphi)\, V_0 \Phi(\varphi)$ ebenfalls positiv definit, d. h., alle Eigenwerte der Matrix $\tilde{V}(\varphi)$, $\varphi \in [0, 2\pi]$ genügen, der Ungleichung $\lambda_i(\varphi) = \lambda_i^0 < 0$. Berücksichtigen wir, daß die Matrix $V(\varphi) = \Phi^T(\varphi)\, V_0 \Phi(\varphi)$ als Produkt zweier reeller symmetrischer positiv definiter Matrizen $\Phi^T(\varphi)\, \Phi(\varphi)$ und $\tilde{V}(\varphi)$ darstellt bar ist, so erhalten wir, daß auch die Matrix $V(\varphi)$, und folglich auch die quadratische Form $V(\varphi, x)$, positiv definit sind. Analog wird bewiesen, daß die quadratische Form $Y(\varphi, x)$ negativ semidefinit ist. (Falls Y_0 die Nullmatrix darstellt, gilt $Y(\varphi, x) \equiv 0$.

Ein analoger Satz gilt auch für den Fall der asymptotischen Stabilität des Systems (2.1).

Der Satz behält außerdem seine Gültigkeit für jeden oben beschriebenen Iterationsschritt. Folglich liefert eine mit vorgegebener Genauigkeit konstruierte LF notwendige und hinreichende Bedingungen für die Stabilität (asymptotische Stabilität) der Nulllösung des Ausgangssystems mit vorgegebener Genauigkeit.

4. Beispiel

Wir betrachten das bekannte Problem der Stabilisierung der oberen instabilen Gleichgewichtslage eines Pendels. Zu diesem Zweck stellen wir die MATHIEUsche Differentialgleichung

$$\frac{d^2\varphi}{dt^2} + \left(-\frac{g}{l\omega^2} + \frac{a}{l}\cos t\right)\varphi = 0\,, \tag{4.1}$$

die kleine Pendelschwingungen um die obere Gleichgewichtslage beschreibt, in der Form

$$\frac{dx}{dt} = \begin{pmatrix} 0 & 1 \\ \delta & 0 \end{pmatrix} x + \lambda\varepsilon\cos t \begin{pmatrix} 0 & 0 \\ -1 & 0 \end{pmatrix} x \tag{4.2}$$

dar. Die Parameter δ und ε sind durch die Relationen $\delta = g/l\omega^2$, $\varepsilon = a/l$ definiert, dabei bedeuten a die Amplituden der Schwingungen des Aufhängepunktes für das Pendel, l die Pendellänge und g die Fallbeschleunigung, außerdem gelte $a \ll l$, d. h. $\varepsilon \ll 1$. Gleichung (4.2) genügt für $\delta \neq k^2/4$, $k = 1, 2 \ldots$, den Bedingungen a) bis c) in Abschnitt 2, wobei die Beziehungen

$$P(t) = \varepsilon\cos t \begin{pmatrix} 0 & 0 \\ -1 & 0 \end{pmatrix} = P\cos t\,, \qquad A = \begin{pmatrix} 0 & 1 \\ \delta & 0 \end{pmatrix}$$

gelten. Wir untersuchen das Problem der Stabilität der oberen Gleichgewichtslage des Pendels mit einer Genauigkeit bis auf Größen der Ordnung ε^4. Nach Abschnitt 2 und den Untersuchungen in [19] gilt

$$\begin{aligned}
&P_0 = 0\,, \qquad A_1 = A + P_0 = A\,,\\
&u_1(t) = a\begin{pmatrix} -1 & 0 \\ 0 & 1 \end{pmatrix}\cos t + a\begin{pmatrix} 0 & 2 \\ 1+2\delta & 0 \end{pmatrix}\sin t = C\cos t + S\sin t\,,\\
&P_1(t) = \frac{1}{\Delta(t)}\{SP\sin t\cos t + CP\cos^2 t - SPS\sin^2 t\cos t -\\
&\qquad - (SPC + CPS)\sin t\cos^2 t - CPC\cos^3 t\}\,, \qquad\qquad (4.3)\\
&\Delta(t) = 1 - a^2\big(1 + (1+4\delta)\sin^2 t\big)\,, \qquad a = \frac{\varepsilon}{1+4\delta},\\
&P_{1,0} = \frac{a\varepsilon}{2\pi}\int_0^{2\pi} \frac{\cos^2 t\,dt}{1 - a^2\big(1+(1+4\delta)\sin^2 t\big)} \begin{pmatrix} 0 & 0 \\ -1 & 0 \end{pmatrix},\\
&A_2 = A_1 + P_{1,0} = \begin{pmatrix} 0 & 1 \\ -\delta_1 & 0 \end{pmatrix},\\
&\delta_1 = -\delta + \frac{\varepsilon^2}{(1+4\delta)\,\big(1 - a^2 + \sqrt{(1-a^2)(1-2a^2-4a^2\delta)}\big)},\\
&V_2 = \begin{pmatrix} \delta_1 & 0 \\ 0 & 1 \end{pmatrix}, \qquad Y_2 = \begin{pmatrix} 0 & 0 \\ 0 & 0 \end{pmatrix}.
\end{aligned}$$

Ermitteln wir aus Gleichung (2.15) die Matrixfunktion $u_2(t)$ und setzen (3.4) in (2.10) ein, so erhalten wir die LF $V(t, x)$ für das System (4.2) mit einer Genauigkeit bis auf Glieder der Ordnung ε^4. Die totale Ableitung von $V(t, x)$ längs (4.2) mit einer Genauigkeit bis auf Glieder der Ordnung ε^4 ist identisch Null. Die obere Gleichgewichtslage des Pendels wird somit stabil dann und nur dann, falls die LF $V(\varphi, x)$ positiv definit ist. Diese Bedingung ist äquivalent mit der Gültigkeit der Ungleichung

$$\varepsilon^2 > \delta(1 + 4\delta)\left(1 - \frac{\varepsilon^2}{(1 + 4\delta)^2} + \sqrt{\left(1 - \frac{\varepsilon^2}{(1 + 4\delta)^2}\right)\left(1 - \frac{2\varepsilon^2}{(1 + 4\delta)^2} - \frac{4\varepsilon^2\delta}{(1 + 4\delta)^2}\right)}\right). \tag{4.4}$$

Die numerische Analysis zeigt, daß die Ungleichung (4.4) mit der bekannten Ungleichung $a\omega > \sqrt{2gl}$ ($\varepsilon^2 > 2\delta$), die zum ersten Male von P. L. Kapiza [20] erhalten wurde, gut übereinstimmt. Wir bemerken, daß die Einschränkung $\delta \neq k^2/4$, $k = 1, 2, \dots$, ganz natürlich ist, da für kleine ε in der Nähe der Punkte $\delta = k^2/4$ parametrische Resonanz auftritt.

Literatur

[1] Колмогоров, А. Н., О сохранении условно-периодических движений при малом изменении функции Гамильтона. ДАН СССР, **98** (1954), 527—530.

[2] Боголюбов, Н. Н., О квазипериодических решениях в задачах нелинейной механики. Тр. Первой летней математической школы, Kiew 1964.

[3] Арнольд В. И., Малые знаменатели. I — Известия АН СССР. Сер. матем., **25**, I (1961), 21—86.

[4] Арнольд, В. И., Малые знаменатели. II — УМН, **18**, 5 (1963), 13—40.

[5] Арнольд, В. И., Малые знаменатели и проблемы устойчивости движения в классической и небесной механике. УМН, **18**, 6 (1963), 91—192.

[6] Митропольский, Ю. А., О построении общего решения нелинейных дифференциальных уравнений с помощью метода, обеспечивающего „ускоренную" сходимость. УМЖ, **16** (1964), 475—501.

[7] Белага, Э. Г., О приводимости системы обыкновенных дифференциальных уравнений в окрестности условно-периодического движения. ДАН СССР, **143**, 2 2 (1962), 255—258.

[8] Самойленко, А. М., О приводимости систем линейных дифференциальных уравнений с квазипериодическими коэффициентами. УМЖ, **20** (1968) 2.

[9] Moser, G., A rapidly convergent iteration method and non-linear differential equations, II, Ann. Scuola Norm. Sup. Pisa, **20**, 3 (1966), 499—536.

[10] Самойленко, А. М., О приводимости системы обыкновенных дифференциальных уравнений в окрестности гладкого интегрального многообразия. УМЖ, **18**, 6 (1966), 41—64.

[11] Лыкова, О. Б., Богатырев Б. М., О приводимости некоторых дифференциальных уравнений в банаховом пространстве. УМЖ, **20**, 5 (1968).

[12] Ляпунова, А. М., Общая задача об устойчивости движения, Moskau 1959.

[13] Четаев, Н. Г., Устойчивость движения, Moskau 1965.

[14] Барбашин Е. А., Функции Ляпунова, Moskau 1970.

[15] Анапольский, Л. Ю., Иртегов В. Д., Матросов В. М., Способы построения функции Ляпунова, Итоги науки и техники, общая механика, Т. 2, Moskau 1975.

[16] Пустовойтов, Н. А., Приближенные методы построения функций Ляпонова, К., Препринт, ИМ 74-7, 1974.

[17] Боголюбов, Н. Н., Митропольский, Ю. А., Самойленко А. М., Метод ускоренной сходимости в нелинейной механике, Изд-во Kiew 1969.

[18] Митропольский, Ю. А., Самойленко, А. М., Сб. Матем. физика, Изд-во, Kiew 1967, 185—198.

[19] Лыкова, О. Б., Бойчук А. А., Построение функции Ляпунова для линейных систем обыкновенных дифференциальных уравнений. Приближенные методы исследования нелинейных систем. Изд. Института математики АН УССР, Kiew 1976.

[20] Капица, П. Л., Динамическая устойчивость маятника при колеблющейся точке подвеса, ЖЭТФ, **21** 5, (1951).

Einige Aspekte der Anwendung der Störungstheorie auf Probleme der Theorie nichtlinearer Schwingungen

V. V. RYMARENKO

Die Störungstheorie entstand in der zweiten Hälfte des 18. Jahrhunderts. Ihre stürmische Entwicklung reicht bis in unsere Tage, ihre Methoden werden in vielen Gebieten der Mathematik angewendet. Den Fragen der Störungstheorie ist eine umfangreiche Literatur gewidmet, darunter eine Reihe von Monografien [1—10]. Die Monografien [5—10], die die Anwendung der Störungstheorie auf Probleme der nichtlinearen Mechanik zum Inhalt haben, beschreiben zwar ausführlich die asymptotische Methode von KRYLOV-BOGOLJUBOV, die Mittelungsmethode und einige andere Methoden, widmen aber der Betrachtung der verschiedenen Richtungen und Methoden der Störungstheorie von einem einheitlichen Gesichtspunkt aus zu wenig Beachtung.

Im vorliegenden Artikel wird versucht, eine Übersicht über das Schema und die Methoden der Störungstheorie zu geben, die zur Untersuchung von Problemen nichtlinearer Schwingungen verwendet werden, die durch ein System gewöhnlicher Differentialgleichungen der Gestalt

$$\frac{dx}{dt} = X(t, x, \varepsilon) \tag{1}$$

beschrieben werden, wobei x und X n-Vektoren sind, t die Zeit bezeichnet und ε einen kleinen Parameter darstellt. Im wesentlichen wird das CAUCHY-Problem $x = x_0$ für $t = t_0$ untersucht.

1. Das Differentialgleichungssystem (1) stellt das mathematische Modell eines gewissen realen Systems dar, das in der Regel mittels Quadratur nicht exakt integriert werden kann. Bei seiner näherungsweisen Integration versucht man, ein einfacheres System

$$\frac{d\xi}{dt} = X_0(t, \xi, \varepsilon) \tag{2}$$

derart zu finden, daß

a) seine Lösung

$$\xi = \xi(t, C, \varepsilon) \tag{3}$$

bekannt ist, wobei C den Vektor der Integrationskonstanten bezeichnet, und

b) die Differenz

$$X(t, x, \varepsilon) - X_0(t, x, \varepsilon) \equiv \varepsilon Y(t, x, \varepsilon) \tag{4}$$

hinreichend klein ist.

Wenn ein System (2) mit den angegeben Eigenschaften gefunden worden ist, dann wird eine Näherungslösung von (1) durch Verbesserung einer Lösung (3) von (2) konstruiert. Die Lösung (3) wird meistens erzeugende Lösung und das System (2) erzeugendes System für das gestörte System (1) genannt.

In vielen Aufgaben kann die Lösung eines gewissen exakt integrierbaren Differentialgleichungssystem als erzeugende Lösung verwendet werden. Bei Problemen, in denen der Begriff „Trajektorienröhre“ verwendet wird, ist eine erzeugende Trajektorie eine spezielle Lösung, die exakt oder näherungsweise bestimmt werden kann, wobei auch halbempirische oder empirische Verfahren benutzt werden können.

Die Auswahl einer erzeugenden Lösung kann auf verschiedene Weise verwirklicht werden.

Wenn eine gewisse erzeugende Lösung (3) bekannt, das erzeugende System (2) jedoch unbekannt ist, so kann man es unter Verwendung von (1) unmittelbar angeben:

$$\frac{dx}{dt} = X_0(t, x, \varepsilon) \equiv X(t, x, \varepsilon) + \varepsilon F\big(t, \xi(t), \varepsilon\big)\,, \tag{5}$$

wobei

$$\varepsilon F\big(t, \xi(t), \varepsilon\big) = \frac{d\xi}{dt} - X\big(t, \xi(t), \varepsilon\big) \tag{6}$$

gilt.

2. In der Himmelsmechanik entstanden die grundlegenden und noch heute gebräuchlichen Verfahren zur Verbesserung der erzeugenden Lösung — die Methode des kleinen Parameters und die Methode der Variation der Konstanten.

Das Wesen der Methode des kleinen Parameters besteht in folgendem: Das gestörte System (1) besitze die Darstellung

$$\frac{dx}{dt} = X_0(t, x, \varepsilon) + \varepsilon Y_1(t, x, \varepsilon) + \varepsilon^2 Y_2(t, x, \varepsilon) + \dots\,. \tag{7}$$

Die verbesserte Lösung bezüglich einer bekannten erzeugenden Lösung (3) wird dann als TAYLOR-Reihe nach dem kleinen Parameter ε

$$x(t) = \xi(t, C, \varepsilon) + \varepsilon u_1(t, C, \varepsilon) + \varepsilon^2 u_2(t, C, \varepsilon) + \dots\,. \tag{8}$$

angesetzt. Substituieren wir (8) in (7) und ordnen nach Potenzen von ε, so erhalten wir lineare Differentialgleichungen zur Bestimmung der Größen $u_1, u_2, \dots$. In vielen Fällen können diese Gleichungen integriert werden [6, 10].

Eine Variante der Methode des kleinen Parameters ist das Iterationsschema, das auch als NEWTONsches Schema bezeichnet wird. Seine Besonderheit besteht in folgendem: Ist die Genauigkeit der erhaltenen Lösung (8) unzureichend, dann wird diese Lösung als neue erzeugende Lösung betrachtet, und das zugehörige erzeugende System wird aufgeschrieben. Dieser Prozeß wiederholt sich so oft, bis die geforderte Genauigkeit erreicht ist. Ein Nachteil der Methode des kleinen Parameters besteht im Auftreten von Säkulargliedern.

Das Wesen der Methode der Variation der Konstanten besteht in folgendem [11]: Die erzeugende Lösung (3) hänge von n Konstanten ab, die als Parameter betrachtet werden, und habe erste Ableitungen nach diesen Parametern. Die Determinante der JAKOBI-Matrix $\partial\xi/\partial C$ sei von Null verschieden. Das gestörte System sei in der Form

$$\frac{dx}{dt} = X_0(t, x, \varepsilon) + \varepsilon^\mu Y(t, x, \varepsilon)\,, \qquad \mu > 0\,, \tag{9}$$

darstellbar. Dann wird der Ausdruck (3) als Formel für den Übergang von den alten Koordinaten x zu den neuen Koordinaten C betrachtet. In den neuen Koordinaten lautet die Differentialgleichung

$$\frac{dC}{dt} = \varepsilon^\mu \cdot \left(\frac{\partial\xi}{\partial C}\right)^{-1} \cdot Y\big(t, \xi(t, C, \varepsilon), \varepsilon\big)\,. \tag{10}$$

Die rechte Seite von (10) ist zum kleinen Parameter ε^μ proportional. Von der Wahl der Integrationsmethode hängt es ab, ob der Ausdruck für $C(t)$ Säkularglieder enthält oder nicht.

In der Himmelsmechanik wurden verschiedene Verfahren zur Vermeidung von Säkulargliedern entwickelt — die Verfahren von EULER, LAPLACE, POISSON, NEWCOMB, DELAUNAY, HYLDÉN, LINDSTEDT und BOHLIN [11—14]. Von diesen Verfahren ist in der nichtlinearen Mechanik die Methode von LINDSTEDT am bekanntesten. Dieselbe Problematik, nämlich das Auftreten von Säkulargliedern zu vermeiden, führte im Rahmen der Theorie nichtlinearer Schwingungen in den 20er und 30er Jahren dieses Jahrhunderts zur Entwicklung der Methode von KRYLOV-BOGOLJUBOV und der Mittelungsmethode [6]. Sie werden dadurch charakterisiert, daß sie zwei Verfahren zur Verbesserung der erzeugenden Lösung vereinigen — die Methode des kleinen Parameters und die Methode der Variation der Konstanten. In den üblichen Varianten dieser Methoden dient die Variation der Konstanten zur Vermeidung von Säkulargliedern, während die Glieder mit einer kleinen Periode durch additive Korrekturglieder berücksichtigt werden.

In der Theorie nichtlinearer Schwingungen existiert noch ein drittes Verfahren zur Verbesserung der erzeugenden Lösungen — die sogenannte Methode der deformierten Koordinaten oder die Methode des veränderlichen Maßstabes [1, 5]. Zu ihr gehören die Methoden von LIGHTHILL [18], PRITULO [16], TEMPLE [17], BONDAR [15], die in der Himmelsmechanik bekannten Methoden der Linearisierung und Regularisierung von HYLDÉN [14] und SUNDMANN [21] sowie die Regularisierungsmethoden in der modernen kosmischen Dynamik, zu deren schnellen Entwicklung die Arbeit [19] den Anstoß gab. Eine Übersicht dieser Methoden kann man in [20] finden. Das charakteristische Merkmal der Methode der deformierten Koordinaten besteht in der gleichzeitigen Verwendung von bekannten Integralen der Gleichungen der ungestörten Bewegung und von Transformationen abhängiger und unabhängiger Veränderlicher. Auf diese Weise erreicht man eine Reduktion des stark nichtlinearen erzeugenden Systems auf ein lineares System mit konstanten Koeffizienten sowie eine Reduktion des gestörten Systems auf ein benachbartes quasilineares System und die Regularisierung (Uniformisierung) der Gleichungen, d. h. die Beseitigung von singulären Punkten der Lösungen. Letzterer Umstand erlaubt, gleichmäßig brauchbare approximierte Lösungen zu erhalten [5] und stabile Algorithmen zur numerischen Integration der gestörten Gleichungen aufzustellen [19, 20]. Die betrachteten Verfahren erwiesen sich für Differentialgleichungen erster und zweiter Ordnung als effektiv. Für Gleichungen höherer Ordnung fanden diese Verfahren nur in der Himmelsmechanik und in der kosmischen Dynamik Anwendung, wobei sich in diesen Fällen das Zweikörperproblem [11] als das erzeugende Problem erwies. Das Zweikörperproblem besitzt die charakteristische Besonderheit, daß die Ordnung ihrer Gleichungen auf zwei erniedrigt werden kann.

3. Für ein gegebenes Problem oder eine Klasse von Problemen kann eine gewisse Hierarchie von Algorithmen der Störungstheorie hinsichtlich ihres Vollkommenheitsgrades aufgestellt werden. Unter einem Algorithmus der Störungstheorie verstehen wir dabei eine Menge, die aus dem erzeugenden System (2), der erzeugenden Lösung (3), der Methode ihrer Verbesserung und der erhaltenen verbesserten Lösung besteht. Es können verschiedene Hierarchielinien für Algorithmen angegeben werden, z. B.

A. Anordnung der Algorithmen nach der Genauigkeit der zu erhaltenden Näherungslösungen in einem gewissen vorgegebenen Intervall der unabhängigen Veränderlichen (Zeit).

Der Reihenfolge der so angeordneten Algorithmen entspricht eine gewisse Reihenfolge monotoner Funktionen, der sogenannten Vergleichsfunktionen [22]

$$f_0(\varepsilon), f_1(\varepsilon), \dots, f_k(\varepsilon), \dots; \quad f_k(\varepsilon) = o(f_{k-1}(\varepsilon)) \quad \text{für} \quad \varepsilon \to 0, \quad k = 1, 2, \dots, \tag{11}$$

die so beschaffen sind, daß die Genauigkeit der Näherungslösungen des Systems (1) in einem vorgegebenen Intervall gleichmäßig durch die Folge

$$O(f_0(\varepsilon)),\ O(f_1(\varepsilon)),\ \dots,\ O(f_k(\varepsilon)),\ \dots \tag{12}$$

abgeschätzt wird. Als Vergleichungsfunktionen werden oft die Funktionen

$$1,\ \varepsilon,\ \varepsilon^2,\ \dots,\ \varepsilon^k,\ \dots \tag{13}$$

verwendet.

Gilt dabei für einen gewissen Algorithmus $f_j(\varepsilon) \to 0$ für $\varepsilon \to 0$, so ist die zu diesem Algorithmus gehörende Methode der Verbesserung der erzeugenden Lösung eine asymptotische Methode.

B. Anordnung nach der Länge des Zeitintervalls, auf dem gleichmäßig eine gewisse vorgegebene Genauigkeit der Näherungslösung erreicht wird.

Wir bezeichnen ein solches Intervall als Brauchbarkeitsintervall für die Lösung. Die Reihenfolge der Algorithmen wird durch eine gewisse Reihenfolge von Vergleichsfunktionen charakterisiert [11], die so beschaffen sind, daß die Brauchbarkeitsintervalle der Näherungslösungen den Relationen

$$O\left(\frac{1}{f_0(\varepsilon)}\right) < O\left(\frac{1}{f_1(\varepsilon)}\right) < \dots < O\left(\frac{1}{f_k(\varepsilon)}\right) < \dots \tag{14}$$

genügen.

C. Anordnung nach dem Grad der „Informationskonzentration" im Ausdruck für die Näherungslösung.

Wir erklären dieses Prinzip an dem folgenden einfachen Beispiel. Es soll die Gleichung

$$\ddot{x} + \sin x = 0\,, \tag{15}$$

untersucht werden. Zur Bestimmung einer Näherungslösung benutzen wir die einfachere Gleichung

$$\ddot{x} + x - \frac{x^3}{6} = 0\,, \tag{16}$$

wobei wir voraussetzen, daß die Amplitude der Schwingungen klein ist. Nach der Methode von Krylov-Bogoljubov erhalten wir die Näherungslösung

$$x = c \cdot \cos t + s \sin t - \frac{1}{192}\, c(c^2 - 3s^2) \cdot \cos 3t - \frac{1}{192}\, s \cdot (3c^2 - s^2) \cdot \sin 3t\,, \tag{17}$$

wobei die Relationen

$$c = a \cos\left(\frac{1}{16}\, a^2 t + \varphi_0\right), \qquad s = a \sin\left(\frac{1}{16}\, a^2 t + \varphi_0\right) \tag{18}$$

gelten. Dabei sind a und φ_0 beliebige Konstanten, a sei klein.

Andererseits erhalten wir, wenn wir (16) exakt lösen,

$$x = \sqrt{12 \cdot (1 - \alpha^2)} \cdot sn[\alpha(t - t_1)]\,, \tag{19}$$

wobei für den Modul k der elliptischen Funktion $k = \alpha^{-1}\sqrt{1 - \alpha^2}$ gilt (α und t_1 sind beliebige Konstanten).

Betrachten wir einerseits (19) und andererseits (17), (18) als Näherungen für die Lösung der Gleichung (15), so ist (19) kompakter als (17), (18), d. h., die Information über die exakte Lösung von (15) ist in (19) „konzentrierter".

Es können noch andere Hierarchielinien für Algorithmen der Störungstheorie angegeben werden.

Der Übergang zu Algorithmen, die bezüglich der Genauigkeit der Näherungslösungen auf einem vorgegebenen Zeitintervall (Abschnitt A) vollkommener sind, wird durch eines der Verfahren zur Verbesserung der Lösung (Abschnitt 2) erreicht.

Der Übergang zu Algorithmen, die eine vorgegebene Genauigkeit auf einem größeren Zeitintervall gewährleisten, d. h., die eine „Dehnung" des Brauchbarkeitsintervalles bewirken (Abschnitt B) wird oft durch Verbesserung der Lösungen erreicht. Man begegnet jedoch Situationen, in denen die Methoden zur Verbesserung der Lösung nicht zu dem gewünschten Resultat führen. Solche Fälle werden dadurch charakterisiert, daß im Phasenraum der sich bewegende Punkt die Grenze von Gebieten mit einem unterschiedlichen Ordnungsverhältnis der einzelnen Summanden der Störungskräfte oder die Grenze einer Resonanzzone überschreitet, was zum Auftreten kleiner Nenner führt. Derartige Situationen werden in [1] als „singuläre Störungsprobleme" bezeichnet. In solchen Fällen müssen die erzeugende Lösung, das erzeugende System und die Methode zur Verbesserung der erzeugenden Lösung geändert werden. Falls dies nicht den gewünschten Effekt liefert, muß die Näherungslösung über dem vorgegebenen Zeitintervall aus brauchbaren Näherungslösungen über kleineren Zeitintervallen zusammengesetzt werden. Dieses Verfahren wurde z. B. in der Arbeit [23] verwendet und stellt die Grundlage für die Methoden der „verknüpften" und „zusammengesetzten" Entwicklungen dar [5].

Der Übergang zu Algorithmen, die Lösungen mit einer höheren „Informationskonzentration" liefern (Abschnitt C), erfolgt durch eine Transformation der erzeugenden Lösung und des erzeugenden Systems sowie der Verwendung spezieller Funktionen. Offensichtlich existiert eine Grenze für die Informationskonzentration. Sie wird erreicht, wenn die exakte Lösung des Systems (1) als spezielle Funktion bezeichnet wird (ihre Eigenschaften müssen gut bekannt sein).

Das Problem der „Informationskonzentrierung" entstand im 19. Jahrhundert in der Himmelsmechanik im Zusammenhang damit, daß die damals erarbeiteten Theorien der Mondbewegung — die Theorien von Plan, Hansen und Delaunay — einen gewaltigen Umfang annahmen und praktisch unüberschaubar waren. Es wurde von Hyldén [24] gestellt, der bereits auf einen Lösungsweg hinwies — auf die Verwendung einer nichtkepplerschen intermediären Mondbahn. Die aufgezeigte Idee wurde Ende des 19./Anfang des 20. Jahrhunderts durch Hill und Brown [11] praktisch verwirklicht. In letzter Zeit wurde unter Verwendung elliptischer Funktionen eine ähnliche kompakte Lösung für das Problem der Bewegung eines Sputniks in einem nichtzentralen Schwerefeld erhalten [25—27].

4. In der Methode von Krylov-Bogoljubov und in der Mittelungsmethode wird die Bewegung (in einer gewissen Näherung) in eine „schnelle" (in kurzen Zeitabschnitten grundlegende) und in eine „langsame" (evolutionäre) Bewegung zerlegt. Dieses Vorgehen regte dazu an, auch andere Methoden der Störungstheorie vom Standpunkt der Zerlegung von Bewegungen aus zu betrachten.

Wir betrachten eine gewisse Folge von Algorithmen der Störungstheorie, die nach der maximalen Kleinheitsordnung der zu berücksichtigenden Störglieder angeordnet ist. Wir nehmen an, daß die verbesserte Lösung des j-ten Algorithmus als erzeugende Lösung für den $(j + 1)$-ten Algorithmus dient und daß jede dieser Lösungen von frei wählbaren Konstanten $C^{(j)}$,

$$x = x_j(t, C^{(j)}, \varepsilon) , \qquad j = 1, 2, \dots , \tag{20}$$

abhängt. Beim Einsetzen von (20) in (1) sollen sich die Reste durch eine Folge der Gestalt (12) abschätzen lassen. Unter gewissen zusätzlichen Voraussetzungen, die das Auftreten singulärer Störungen vermeiden, können die Konstanten der erzeugenden

Lösungen (20) variiert werden, so daß Gleichungen der Gestalt

$$\frac{dC^{(j)}}{dt} = f_j(\varepsilon) \cdot F_j f(t, \dots, {}_{j-1}(\varepsilon) \cdot t, C^{(j)}, \varepsilon), \qquad j = 1, 2, \dots, \tag{21}$$

erhalten werden.

Wenden wir bei festem j auf (21) eine gewisse Prozedur an, die äquivalent zur Mittelung bezüglich der explizit eingehenden Zeiten $t, \dots, f_{j-1}(\varepsilon) \cdot t$ ist, so führt das zur Abtrennung der evolutionären Größen $C^{(j)}(f_j(\varepsilon) \cdot t)$, deren endliche Änderungen auf einem Zeitintervall der Ordnung $f_j^{-1}(\varepsilon)$ vor sich gehen. Auf diese Weise erzeugt die Folge von erzeugenden Lösungen (20), deren Reste bezüglich (1) durch eine Folge von Vergleichsfunktionen (2) abgeschätzt werden, eine Skala von Zeit-Maßstäben [29]

$$\frac{1}{f_0(\varepsilon)}, \frac{1}{f_1(\varepsilon)}, \dots, \frac{1}{f_k(\varepsilon)}, \dots. \tag{22}$$

Singuläre Störungen zerstören die Maßstabsfolge (22), in diesen Fällen ist eine besondere Untersuchung erforderlich.

In der Praxis besitzen die „Zweimaßstabs"-Methoden eine weite Verbreitung — die Methode von Krylov-Bogoljubov, die Mittelungsmethode, die stroboskopische Methode von Minorsky und andere. Es wurden auch asymptotische Methoden entwickelt, deren Anzahl von Zeit-Maßstäben größer als zwei ist, die sogenannten „Mehrmaßstabsmethoden". Eine Darlegung von einigen dieser Methoden und eine Literaturübersicht über sie ist in [5] enthalten.

Die Ziele der Zerlegung von Bewegungen können verschiedenartig sein. So vereinigt z. B. in der Methode der Resonanzmittelung [6, 7] und in der Methode der partikulären Mittelung [30] die abgetrennte (d. h. gemittelte) Bewegung die evolutionäre Bewegung im oben erwähnten Sinn und die Bewegung, die durch singuläre Störungen hervorgerufen wird. Die allgemeine Aufgabenstellung über die Zerlegung von Bewegungen im Rahmen der Zweimaßstabsmethoden wird in [31] betrachtet.

5. Die mathematische Fundierung der Methoden der Störungstheorie stützt sich einerseits auf die bekannten Existenz- und Eindeutigkeitssätze für die Lösung eines Differentialgleichungssystems und auf die Sätze über die stetige Abhängigkeit der Lösungen von Parametern (bzw. von den Anfangsbedingungen).

Einige Methoden zur Verbesserung der Lösungen erfordern die Differenzierbarkeit der Lösungen bezüglich eines Parameters. Andererseits beruht die mathematische Fundierung der Störunstheorie auf der Abschätzung der Genauigkeit der Näherungslösungen.

Einen allgemeinen Zugang zur Abschätzung der Genauigkeit der Näherungslösungen auf einem endlichen Zeitintervall stellt die Verwendung der Reste dar, die beim Einsetzen der Näherungslösung in (1) auftreten. Die einfachste Genauigkeitsabschätzung für ein endliches Zeitintervall ist die gut bekannte Exponentialabschätzung, die mit Hilfe des Gronwallschen Lemmas erhalten wird.

Verwendet man unter hinreichend weiten Voraussetzungen über die rechte Seite von (1) in den Abschätzungen die Idee der Variation der Konstanten, so erhält man eine lineare Abschätzung über das Fehlerwachstum. Falls eine gewisse Näherungslösung (erzeugende Lösung)

$$\xi = \xi(t, C, \varepsilon) \tag{23}$$

denselben Anfangsbedingungen wie die exakte Lösung genügt und das Ausgangssystem (1) mit einem Rest der Ordnung $f_k(\varepsilon)$ erfüllt,

$$\frac{d\xi}{dt} \equiv X(t, \xi, \varepsilon) + f_k(\varepsilon) \cdot \Phi(t, C, \varepsilon); \tag{24}$$

und falls außerdem die exakte Lösung von (1) in der Gestalt (23) dargestellt wird, wobei $C = C(t)$ gilt, dann wird die Differenz zwischen der exakten und der Näherungslösung durch folgende exakte Formel ausgedrückt:

$$x(t) - \xi(t) = -f_k(\varepsilon) \int_{t_0}^{t} \frac{\partial \xi(t, C(\tau), \varepsilon)}{\partial C(\tau)} \cdot \left(\frac{\partial \xi(\tau, C(\tau), \varepsilon)}{\partial C(\tau)} \right)^{-1} \cdot \Phi(\tau, C(\tau), \varepsilon)\, d\tau \,. \qquad (25)$$

Falls für $t \geqq t_0$ in einem gewissen Gebiet aus dem Raum der Konstanten C die Abschätzungen

$$\left\| \frac{\partial \xi(t, C, \varepsilon)}{\partial C} \right\| \leqq L \,, \qquad 0 < m \leqq \left\| \left(\frac{\partial \xi(t, C, \varepsilon)}{\partial C} \right)^{-1} \right\| \leqq M \,, \qquad \|\Phi(t, C, \varepsilon)\| \leqq N \qquad (26)$$

gelten, wobei L, m, M und N Konstanten sind, und wenn im Bewegungsprozeß die Größen C dieses Gebiet nicht verlassen, dann gilt

$$\|x(t) - \xi(t)\| \leqq f_k(\varepsilon) \cdot LMN \cdot |t - t_0| \,. \qquad (27)$$

Vergleicht man die exakte Lösung mit einer gewissen anderen Näherungslösung $\xi = \xi(t, C', \varepsilon)$, die zur selben Klasse wie die erzeugende Lösung $\xi = \xi(t, C, \varepsilon)$ gehört, sich aber von ihr durch die Anfangsbedingungen unterscheidet, dann muß man auf der rechten Seite der Formel (25) den Summanden

$$\xi(t, C, \varepsilon) - \xi(t, C', \varepsilon) \qquad (28)$$

hinzufügen, der die Differenz der erzeugenden und der zu betrachtenden Näherungslösung berücksichtigt. Die Norm der Differenz (28) muß ebenfalls zur rechten Seite der Abschätzung (27) hinzugefügt werden. Die Fragen nach der Fundierung der Störungstheorie bei einem unendlich großen Zeitintervall bildet den Gegenstand der Stabilitätstheorie bei ständig wirkenden Störungen [32—34]. Eine Übersicht über die diesbezüglichen Resultate ginge über den Rahmen des vorliegenden Artikels hinaus.

6. Abschließend sollen noch zwei Bemerkungen gemacht werden. In den Schemata der Störungstheorie können nichtäquivalente (genauer: lokaläquivalente) Transformationen der abhängigen bzw. unabhängigen Veränderlichen benutzt werden, bei denen nur die zu untersuchenden speziellen Lösungen bzw. Lösungsmannigfaltigkeiten äquivalent abgebildet werden. Bei solchen Transformationen kann eine Erhöhung oder Erniedrigung der Ordnung der Differentialgleichungen bei Variation der Konstanten bewirkt, die Verwendung eines erzeugenden Systems, dessen Ordnung nicht mit der des zu untersuchenden Systems übereinstimmt, ermöglicht, und der Übergang zu komplexwertigen unabhängigen Variablen erreicht werden. Als Beispiele dienen die Einfrequnezmethode [6] und die Mittelungsmethode von V. M. Volosov [10].

Die Ideen der Störungstheorie finden auch in theoretischen Untersuchungen eine weite Verbreitung. Als Beispiel dafür kann die von H. Poincaré [14] entwickelte Theorie periodischer Lösungen dienen.

Literatur

[1] Van Dyke, M., Perturbation methods in fluid mechanics, New York 1964.

[2] Маслов, В. И., Теория возмущений и асимптотические методы, изд. МГУ, Moskau 1965.

[3] Kato, T., Perturbation theory for linear operators, Berlin 1966.

[4] Коул, Дж., Методы возмущений в прикладной математике, Moskau 1972.

[5] Nayfeh, A. H., Perturbation Methods, J. Wiley, New York 1973.
[6] Boboljubov, N. N., und Mitropolskij, Ju. A., Asymptotische Methoden in der Theorie nichtlinearer Schwingungen, Berlin 1965.
[7] Митропольский, Ю. А., Проблемы асимптотической теории нестационарных колебаний, Moskau 1964.
[8] Митропольский, Ю. А., Метод усреднения в нелинейной механике, Kiew 1971.
[9] Моисеев, Н. Н., Асимптотические методы нелинейной механики, Moskau 1969.
[10] Волосов, В. М., и Моргунов, Б. И., Метод усреднения в теории нелинейных колебаний, Moskau 1971.
[11] Субботин, М. Ф., Введение в теоретическую астрономию, Moskau 1968.
[12] Эйлер, Л., Новая теория движения Луны, перевод с латинского академика А. Н. Крылова, изд. АН СССР, Л., 1934.
[13] Laplace, P. S., Traité de Mécanique céleste, Tome premier, Première partie, Livre II, Chapitre V, Paris, 1799.
[14] Пуанкаре, А., Новые методы небесной механики, в кн. ,,Анри Пуанкаре, Избранные труды'', т. 1, Moskau 1971.
[15] Бондарь, Н. Г., Некоторые автономные задачи нелинейной механики, Kiew 1969.
[16] Притуло, М. Ф., Об определении равномерно точных решений дифференциальных уравнений методом возмущений координат, Прикладная математика и механика, **26** (1962).
[17] Темпль, Дж., Линеаризация и делинеаризация, в кн. ,,Международный математический конгресс в Эдинбурге 1958 г. Обзорные доклады'', Moskau 1962.
[18] Lighthill, M.I., A Technique for Rendering Approximate Solutions to Physics Problems Uniformly Valid, Philosophical Magazine, **40** (1949), 311.
[19] Stiefel, E. L., Scheifele, G., Linear and Regular Celestial Mechanics, Springer, Berlin-Heidelberg-New York 1971.
[20] Szebehely, V., Regularisation in Celestial Mechanics, Lect. Notes Math. **461** (1975), 257—263.
[21] Дубошин, Г. Н., Небесная механика. Аналитические и качественные методы, Moskau 1964.
[22] де Брейн, Н. Г., Асимптотические методы в анализе, Moskau 1961.
[23] Дородницын, А. А., Асимптотическое решение уравнения Ван-дер-Поля, Прикладная математика и механика, **11**, (1947), 3.
[24] Hyldén, H., Die intermediäre Bahn des Mondes, Acta mathematica, 7 (1885).
[25] Винти, Дж. П., Новый метод определения орбит спутников в пустоте, Механика, периодич. сб, переводов, (1961), 6/70.
[26] Кислик, М. Д., Движение искусственного спутника в нормальном гравитационном поле Земли, в сб. ,,Искусственные спутники Земли'', вип 4, АН СССР, Moskau 1960.
[27] Аксенов, Е. П., Гребеников, Е. А., и В. Г. Демин, Общее решение задачи о движении искусственного спутника в нормальном гравитационном поле притяжения Земли, в сб. ,,Искусственные спутники Земли'', вип. 8, изд. АН СССР, Moskau 1961.
[28] Молчанов, А. М., Разделение движений и асимптотические методы в теории нелинейных колебоний, ДАН СССР, **136**, (1961), 5.
[29] Молчанов, А. М., Об эволюции планетных систем, в сб. ,,Проблемы движения искусственных небесных тел'', изд. АН СССР, Moskau 1963.
[30] Филатов, А. Н., О частичном усреднении в системах обыкновенных дифференциальных уравнений, Дифференциальные уравнения, **6**, (1970), 6.
[31] Balbi, J. H., Généralisation de la méthode de la moyenne, Int. J. Non-Linear Mechanics, 8 (1973), 4.
[32] Артемьев, Н. А., Осуществимые движения, Известия АН СССР, сер. матем., (1939) 3.
[33] Малкин, И. Г., Теория устойчивости движения, изд. 2-е, Moskau 1966.
[34] Митропольский, Ю. А., и О. Б. Лыкова, Интегральные многообразия в нелинейной механике, Moskau 1973.

Quasiperiodische Lösungen linearer Systeme algebraischer Gleichungen

A. M. Samojlenko

Es sei

$$u_1(t),\ u_2(t),\ \dots,\ u_r(t)$$

ein System von r n-dimensionalen quasiperiodischen Bohlschen Funktionen mit der Frequenzbasis $\omega = (\omega_1, \dots, \omega_m)$ [1]. Wir nehmen an, daß $r \leqq n$ gilt, und betrachten das System linearer algebraischer Gleichungen

$$\begin{aligned} u_{11}(t)\, x_1 + u_{12}(t)\, x_2 + \dots + u_{1n}(t)\, x_n &= 0\,, \\ \dots\dots\dots\dots\dots\dots\dots\dots& \\ u_{r1}(t)\, x_1 + u_{r2}(t)\, x_2 + \dots + u_{rn}(t)\, x_n &= 0\,, \end{aligned} \tag{1}$$

wobei $x_1, \dots, x_n$ die gesuchten Unbekannten sind und $\big(u_{j1}(t), \dots, u_{jn}(t)\big)$ die Koordinaten des Vektors $u_j(t)$, $j = 1, 2, \dots, r$, darstellen.

Wir untersuchen hier das Problem der Existenz quasiperiodischer Lösungen des Gleichungssystems (1). Dieses Problem entstand in der Theorie gewöhnlicher Differentialgleichungen und wurde von Sibuya [2, 3] in Verbindung mit dem Problem der periodischen Blockdiagonalisierung einer Matrix $U(t) = \big(u_1(t), \dots, u_2(t)\big)$ betrachtet. Quasiperiodische Gleichungssysteme (1) werden unseres Wissens zum ersten Mal betrachtet. Mit Hilfe der Matrix $U(t)$, deren Zeilen die Vektoren $u_1(t), u_2(t), \dots, u_r(t)$ sind, kann das Gleichungssystem (1) in der Form

$$U(t)\, x = 0 \tag{2}$$

geschrieben werden, wobei $x = (x_1, \dots, x_n)^T$ ein Spaltenvektor ist. Bei der Untersuchung des Problems der Existenz von quasiperiodischen Lösungen des Gleichungssystems (2) werden wir über $U(t)$ eine Reihe von Voraussetzungen treffen.

Wir sagen, daß eine Funktion $F(t)$, die für alle $t \in R$ definiert ist, keine beliebig kleinen Werte annehmen kann, falls

$$\|F(t)\| \geqq K > 0$$

für alle $t \in R$ gilt, wobei $\|\cdot\|$ die euklidische Norm kennzeichnet. Wir bezeichnen die Matrix $U(t)$ als eine Matrix vom Rang r auf dem Intervall $\bar{R} = [-\infty, \infty]$, falls die Vektorfunktion, die von den Minoren r-ter Ordnung der Matrix $U(t)$ gebildet wird, keine beliebig kleinen Werte annimmt. Eine quasiperiodische Matrix $U(t)$ aus $\Pi(\omega)$ besitzt den Rang r auf $\bar{R}$, falls die Matrix $U(\varphi)$ aus $C(\Gamma_m)$, die der Relation

$$U(\omega t) = U(t)$$

genügt, den Rang r für alle $\varphi \in \Gamma_m$ besitzt.

Wir setzen voraus, daß die Matrix $U(t)$, die das Gleichungssystem (1) definiert, den Rang r auf $\bar{R}$ besitzt. Diese Voraussetzung ist äquivalent mit der Bedingung, daß die Funktionen $u_1(t), \dots, u_r(t)$ als Vektoren des n-dimensionalen euklidischen Raumes E^n

für alle $t \in \overline{R}$ linear unabhängig sind. Daraus folgt, daß die Funktionen $u_j(t)$ keine beliebig kleinen Werte annehmen, d. h.

$$||u_j(t)|| \geqq K > 0 \qquad (j = 1, 2, \dots, r)\,.$$

Aus dieser Relation folgt, daß die j-te Gleichung des Systems (1) durch $||u_j(t)||$ dividiert werden kann, so daß wir anstelle von (1) ein äquivalentes Gleichungssystem mit quasiperiodischen Koeffizienten erhalten, die von den Vektoren

$$\frac{u_1(t)}{||u_1(t)||}, \dots, \frac{u_r(t)}{||u_r(t)||}$$

gebildet werden. Ohne Beschränkung der Allgemeinheit können wir voraussetzen, daß im System (1) die Koeffizientenvektoren eine einheitliche euklidische Länge haben, d. h.

$$||u_j(t)|| = 1 \qquad (j = 1, 2, \dots, r)\,. \tag{3}$$

Wir wenden jetzt auf die Koeffizientenmatrix $U(t)$ von (1) den bekannten SCHMIDTschen Orthogonalisierungsprozeß [4] an. Wir setzen

$$\begin{aligned}
&g_1(t) = u_1(t)\,, && e_1(t) = \frac{g_1(t)}{||g_1(t)||} = g_1(t)\,;\\
&g_2(t) = u_2(t) - \langle u_2(t), e_1(t)\rangle\, e_1(t)\,, && e_2(t) = \frac{g_2(t)}{||g_2(t)||}\,;\\
&\dots\dots\dots\dots\dots\dots\dots\dots\dots\dots\dots\dots\dots\dots\\
&g_r(t) = u_r(t) - \sum_{s=1}^{r}{}' \langle u_r(t), e_s(t)\rangle\, e_s(t)\,, && e_r(t) = \frac{g_r(t)}{||g_r(t)||}\,,
\end{aligned} \tag{4}$$

wobei $\langle\cdot,\cdot\rangle$ das übliche euklidische Skalarprodukt kennzeichnet. Da die Funktionen $u_1(t), \dots, u_r(t)$ als Vektoren in E^n für alle $t \in \overline{R}$ linear unabhängig sind, ist die angeführte Konstruktion für alle $t \in R$ möglich. Wir zeigen, daß die Funktionen

$$g_1(t), g_2(t), \dots, g_r(t) \tag{5}$$

keine beliebig kleinen Werte annehmen. Zu diesem Zweck nehmen wir an, daß dies nicht der Fall ist. Es sei $g_p(t)$ $(2 \leqq p \leqq r)$ die erste der Funktionen (5), die beliebig kleine Werte annimmt. Daraus folgt

$$||g_j(t)|| \geqq K > 0 \tag{6}$$

für alle $t \in R$ und $j = 1, 2, \dots, p - 1$ und

$$\inf_{t \in R} ||g_p(t)|| = 0\,. \tag{7}$$

Die Ungleichungen (6) garantieren uns die Quasiperiodizität der Funktionen

$$e_1(t), e_2(t), \dots, e_{p-1}(t)$$

und mit ihnen auch die Quasiperiodizität der Funktionen

$$g_1(t), g_2(t), \dots, g_{p-1}(t)\,.$$

Gleichung (7) bedeutet, daß eine Zahlenfolge $t_1, t_2, \dots, t_\alpha, \dots$ derart existiert, daß

$$\lim_{\alpha \to \infty} ||g_p(t_\alpha)|| = 0 \tag{8}$$

gilt. Aus der unendlichen Folge der Verschiebungen

$$u_1(t + t_\alpha), \dots, u_r(t + t_\alpha); \qquad e_1(t + t_\alpha), \dots, e_{p-1}(t + t_\alpha) \qquad (\alpha = 1, 2, \dots)$$

der quasiperiodischen Funktionen

$$u_1(t), \dots, u_r(t), e_1(t), \dots, e_{p-1}(t)$$

wählen wir eine auf R gleichmäßig konvergente Teilfolge aus und nehmen an, daß

$$u_1^*(t) = \lim_{j\to\infty} u_1(t + t_{\alpha j}), \dots, u_r^*(t) = \lim_{j\to\infty} u_r(t + t_{\alpha j}),$$

$$e_1^*(t) = \lim_{j\to\infty} e_1(t + t_{\alpha j}), \dots, e_r(t) = \lim_{j\to\infty} e_r(t + t_{\alpha j})$$

gilt. Da die Funktionen $u_1(t), \dots, u_r(t)$ auf R linear unabgängig sind, sind auch die Funktionen $u_1^*(t), \dots, u_r^*(t)$ auf $\bar{R}$ linear unabhängig. Folglich ist der SCHMIDTsche Orthogonalisierungsprozeß [4] auf die Koeffizientenmatrix $U^*(t) = \operatorname{col}\left(u_1^*(t), \dots, u_r^*(t)\right)$ für beliebiges $t \in \bar{R}$ anwendbar. Berücksichtigen wir, daß die Funktionen

$$e_1'(t), e_2'(t), \dots, e_{p-1}'(t),$$

die durch Orthogonalisierung der Funktionen

$$u_1^*(t), \dots, u_{p-1}^*(t)$$

entstehen und somit mit den Funktionen $e_1^*(t), \dots, e_{p-1}^*(t)$ übereinstimmen, die durch Grenzübergang aus den Funktionen $e_1(t), \dots, e_{p-1}(t)$ gewonnen wurden, so erhalten wir für $g_p^*(t)$ den Ausdruck

$$g_p^*(t) = u_p^*(t) - \sum_{s=1}^{p-1} \langle u_p^*(t), e_s^*(t)\rangle\, e_s^*(t).$$

Um für $t = 0$ die Funktion $e_p^*(t)$ nach dem Schema [4] zu konstruieren, so daß sie orthogonal zu den Funktionen $e_1^*(t), \dots, e_{p-1}^*(t)$ ist, ist notwendig, daß

$$\|g_p^*(0)\| \neq 0 \tag{9}$$

gilt. Unlgeichung (9) widerspricht jedoch Gleichung (8). Der erhaltene Widerspruch beweist, daß die Funktionen (5) keine beliebig kleinen Werte annehmen. Folglich sind sowohl die Funktionen

$$g_1(t), \dots, g_r(t)$$

als auch die Funktionen

$$e_1(t), \dots, e_r(t) \tag{10}$$

quasiperiodische Funktionen aus $\pi(\omega)$.

Aus der Konstruktion ist ersichtlich, daß

$$\langle e_j(t), e_p(t)\rangle = \begin{cases} 1 & \text{für } j = p, \\ 0 & \text{für } j \neq p \end{cases}$$

gilt, d. h., die Funktionen (10) bilden in E^n ein orthonomiertes Funktionensystem. Darüber hinaus besitzen sowohl die Funktionen (5) als auch die Funktionen (10) dieselbe Glattheit wie die Funktionen $u_1(t), u_2(t), \dots, u_r(t)$.

Aus (4) erhalten wir

$$\begin{aligned} u_1(t) &= \|g_1(t)\|\, e_1(t), \\ u_2(t) &= \langle u_2(t), e_1(t)\rangle\, e_1(t) + \|g_2(t)\|\, e_2(t), \\ &\cdots\cdots\cdots\cdots\cdots\cdots \\ u_r(t) &= \sum_{s=1}^{r=1} \langle u_r(t), e_s(t)\rangle\, e_s(t) + \|g_r(t)\|\, e_r(t). \end{aligned} \tag{11}$$

Führen wir die Matrizen

$$O(t) = \operatorname{col}\left(e_1(t), e_2(t), \ldots, e_r(t)\right), \tag{12}$$

und

$$T(t) = \begin{bmatrix} g_1(t) & 0 & & 0 \\ \langle u_2(t), e_1(t)\rangle & g_2(t) & \ldots & 0 \\ \cdots & \cdots & \cdots & \cdots \\ \langle u_r(t), e_1(t)\rangle & \langle u_{r-1}(t), e_r(t)\rangle & \ldots & g_r(t) \end{bmatrix}$$

ein, so können wir das Gleichungssystem (11) als Matrixgleichung

$$U(t) = T(t)\, O(t) \tag{13}$$

darstellen. Aus der Form der Matrizen $O(t)$ und $T(t)$ ist klar, daß $O(t)$ eine $r \times n$-dimensionale Matrix ist, deren Zeilen paarweise orthogonal zueinander sind und $T(t)$ eine $r \times r$-dimensionale Dreiecksmatrix ist, deren Determinante auf $\overline{R}$ von Null verschieden ist:

$$|\det T(t)| \geqq K > 0 \qquad (t \in \overline{R}).$$

Beide Matrizen $O(t)$ und $T(t)$ sind quasiperiodische Matrizen mit der Frequenzbasis ω.

Unter Berücksichtigung von (13) können wir (2) in der Gestalt

$$T(t)\, O(t)\, x = 0$$

darstellen. Durch Multipilkation mit $T^{-1}(t)$ erhalten wir daraus das äquivalente Gleichungssystem

$$O(t)\, x = 0\,. \tag{14}$$

Da die Zeilen der Matrix $O(t)$ paarweise orthogonal sind, bilden diejenigen Richtungen in E^n, die durch die Zeilenvektoren der Matrix $O(t)$ definiert werden, für alle $t \in \overline{R}$ r orthogonale Achsen. Bei Änderung von t drehen sich diese Achsen um den Koordinatenursprung derart, daß die Koordinaten ihrer Einheitsvektoren bezüglich eines festen Koordinatensystems quasiperiodische Funktionen sind. Eine beliebige Lösung des Gleichungssystems (14), die für $t \in \overline{R}$ keine verschwindenden Werte annimmt, definiert in einem Unterraum, der orthogonal ist zum Unterraum E^r, der durch die erwähnten Achsen aufgespannt wird, eine gewisse Richtung. Dividieren wir diese Lösung durch ihre euklidische Länge, so erhalten wir eine normierte Lösung, die für jedes $t \in \overline{R}$ einen Punkt auf der Einheitskugel in $E^n \backslash E^r = E^{n-r}$ angibt. Besitzt das Gleichungssystem (14) eine quasiperiodische Lösung

$$x = V_1(t)\,,$$

die keine beliebig kleinen Werte annimmt, dann besitzt dieses System auch eine quasiperiodische Lösung der euklidischen Länge 1

$$x = e_{r+1}(t) = \frac{V_1(t)}{\|V_1(t)\|}.$$

Diese Lösung zeichnet im E^n eine Richtung aus, die orthogonal zu den Achsen e_1, $e_2, \ldots, e_r$ und darüber hinaus so beschaffen ist, daß die Koordinaten der Einheitsvektoren $e_1(t), e_2(t), \ldots, e_r(t), e_{r+1}(t)$ bezüglich eines festen Koordinatensystems quasiperiodische Funktionen sind. Daraus folgt, daß immer dann, wenn das Gleichungssystem (14) eine quasiperiodische Lösung besitzt, die keine beliebig kleinen Werte annimmt, zur Matrix

$$O(t) = \operatorname{col}\left(e_1(t), \ldots, e_r(t)\right)$$

ein quasiperiodischer Zeilenvektor $e_{r+1}(t)$ mit $||e_{r+1}(t)|| \equiv 1$ hinzugefügt werden kann, so daß die entstandene $(r + 1) \times n$-dimensionale quasiperiodische Matrix

$$O_1(t) = \text{col}\left(e_1(t), e_2(t), \dots, e_r(r), e_{r+1}(t)\right)$$

normierte und im E^n paarweise orthogonale Zeilen besitzt.

Zwei Lösungen des Gleichungssystems (14) werden als linear unabhängig auf $\bar{R}$ bezeichnet, falls die aus ihnen gebildete Matrix auf $\bar{R}$ den Rang 2 hat. Wir setzen voraus, daß (14) zwei auf $\bar{R}$ linear unabhängige quasiperiodische Lösungen besitzt. Aus der Definition der linearen Unabhängigkeit auf $\bar{R}$ folgt, daß diese Lösungen keine beliebig kleinen Werte annehmen. Somit besitzt das System (14) zwei quasiperiodische normierte Lösungen

$$x = e_{r+1}(t),\; x = V_2(t),\; ||V_2(t)|| = ||e_{r+1}(t)|| \equiv 1\,.$$

Wir bilden aus den Vektoren $e_1(t), \dots, e_r(t), e_{r+1}(t)$ die Matrix $O_1(t)$ und betrachten neben dem System (14) das Gleichungssystem

$$O_1(t)\, x = 0\,. \tag{15}$$

Wir setzen

$$g_2(t) = V_2(t) - \langle V_2(t), e_{r+1}(t)\rangle\, e_{r+1}(t),\; e_{r+2}(t) = \frac{g_2(t)}{||g_2(t)||}\,.$$

Die Funktion $e_{r+2}(t)$ ist orthonormiert und quasiperiodisch. Da $g_2(t)$ orthogonal zu $e_1(t), \dots, e_r(t)$ und $V_2(t)$ orthogonal zu $e_2(t), \dots, e_r(t)$ ist, stellt $e_{r+2}(t)$ darüber hinaus eine quasiperiodische Lösung des Gleichungssystems (15) dar. Diese Lösung kennzeichnet im E^n eine Richtung, die orthogonal zu den Achsen $e_1, e_2, \dots, e_r, e_{r+1}$ und dabei so beschaffen ist, daß die Koordinaten der Einheitsvektoren $e_1(t), e_2(t), \dots, e_{r+2}(t)$ bezüglich eines festen Koordinatensystems quasiperiodische Funktionen sind. Daraus folgt, daß immer dann, wenn das Gleichungssystem (14) zwei quasiperiodische auf R linear unabhängige Lösungen besitzt, die Matrix $O(t) = \text{col}\left(e_1(t), \dots, e_r(t)\right)$ zu einer $(r + 2) \times n$-dimensionalen quasiperiodischen Matrix

$$O_2(t) = \text{col}\left(e_1(t), \dots, e_r(t), e_{r+1}(t), e_{r+2}(t)\right)$$

ergänzt werden kann, deren Zeilen im E^n normiert und paarweise orthogonal sind.

Somit folgt aus der Existenz von $n - r$ quasiperiodischen auf $\bar{R}$ linear unabhängigen Lösungen, daß die Matrix $O(t) = \text{col}\left(e_1(t), \dots, e_r(t)\right)$ zu einer quasiperiodischen orthogonalen Matrix

$$O_0(t) = \text{col}\left(e_1(t), \dots, e_r(t), \dots, e_n(t)\right)$$

ergänzt werden kann.

Da die lineare Hülle, die von den Einheitsvektoren $e_{r+1}(t), \dots, e_n(t)$ aufgespannt wird, d. h. die Funktionenmenge

$$x = \lambda_1(t)\, e_{r+1}(t) + \dots + \lambda_{n-r}(t)\, e_n(t)\,,$$

wobei $\lambda_1(t), \dots, \lambda_{n-r}(t)$ beliebige skalare Funktionen sind, die allgemeine Lösung des Gleichungssystems (14) bildet, wird das Problem der Konstruktion der quasiperiodischen Lösungen von (14) auf die Ermittlung eines orthonormierten Systems quasiperiodischer Funktionen

$$e_{r+1}(t), \dots, e_p(t) \qquad (p \leq n)$$

zurückgeführt, die die Matrix $O(t)$ zu einer Matrix $O_p(t)$ ergänzen, d. h. im allgemeinen Fall auf die Konstruktion einer quasiperiodischen orthogonalen Matrix $O_0(t) = \text{col}\left(O(t), e_{r+1}(t), \dots, e_n(t)\right)$. Falls die Matrix $O_0(t)$ existiert, dann besitzt die quasiperiodische Matrix

$$V_0(t) = \left(e_{r+1}(t), \dots, e_n(t)\right)\,,$$

deren Spalten aus den Vektoren $e_{r+1}(t), \ldots, e_n(t)$ bestehen auf $\bar{R}$ den Rang $n - r$ und genügt für alle $t \in \bar{R}$ der Gleichung

$$U(t)\, V_0(t) = 0\,. \tag{16}$$

Wir betrachten jetzt die Matrix

$$\Phi(t) = \operatorname{col}\left(u_1(t), \ldots, u_r(t), e_{r+1}(t), \ldots, e_n(t)\right).$$

Gleichung (16) zeigt, daß ihre Zeilen auf $\bar{R}$ linear unabhängig sind. Folglich nimmt die Determinante der Matrix $\Phi(t)$ keine beliebig kleinen Werte an. Falls das Gleichungssystem (14) $n - r$ quasiperiodische, auf $\bar{R}$ linear unabhängige Lösungen besitzt, kann die Matrix $U(t)$ somit zu einer auf $\bar{R}$ nicht ausgearteten quasiperiodischen Matrix $\Phi(t)$ ergänzt werden:

$$\Phi(t) = \begin{bmatrix} U(t) \\ V_0'(t) \end{bmatrix}, \qquad |\det \Phi(t)| \geqq K > 0\,,$$

$$V_0'(t) = \operatorname{col}\left(e_{r+1}(t), \ldots, e_n(t)\right).$$

Es gilt auch die umgekehrte Behauptung: Wenn die Matrix $U(t)$ zu einer quasiperiodischen Matrix $\Phi(t) = \begin{pmatrix} U(t) \\ V(t) \end{pmatrix}$ ergänzt werden kann, die auf $\bar{R}$ nicht ausgeartet ist, dann besitzt das Gleichungssystem (14) $n - r$ in E^n orthonormierte quasiperiodische Lösungen. Diese Lösungen sind die Einheitsvektoren $e_{r+1}(t), \ldots, e_n(t)$, die durch Orthogonalisierung der auf $\bar{R}$ linear unabhängigen quasiperiodischen Funktionen

$$u_1(t), u_2(t), \ldots, u_r(t)\,, \qquad V_1(t), \ldots, V_{n-r}(t)$$

erhalten wurden.

Somit ist für die Konstruktion von $n - r$ quasiperiodischen auf $\bar{R}$ linear unabhängigen Lösungen des Gleichungssystems (14) hinreichend, die Matrix $U(t)$ zu einer quasiperiodischen auf R nicht ausgearteten Matrix $\Phi(t)$ zu ergänzen und durch Anwendung des Schmidtschen Orthogonalisierungsprozesses die Vektoren $e_{r+1}(t), \ldots, e_n(t)$ zu bestimmen. Fassen wir unsere Darlegungen zusammen, so erhalten wir:

Lemma 1. *Im Gleichungssystem* (1) *seien die Koeffizienten quasiperiodische Funktionen. Wir nehmen an, daß die Koeffizientenmatrix*

$$U(t) = \operatorname{col}\left(u_1(t), \ldots, u_r(t)\right)$$

auf $\bar{R}$ den Rang r hat.

Das Gleichungssystem (1) *hat dann und nur dann $n - r$ auf $\bar{R}$ linear unabhängige quasiperiodische Lösungen, falls die Matrix $U(t)$ zu einer auf $\bar{R}$ nicht ausgearteten quasiperiodischen Matrix $\Phi(t)$ ergänzt werden kann:*

$$\Phi(t) = \begin{pmatrix} U(t) \\ V(t) \end{pmatrix}, \qquad |\det \Phi(t)| \geqq K > 0\,.$$

Dabei bilden die quasiperiodischen Lösungen des Gleichungssystems (1) ein Funktionensystem $e_{r+1}(t), \ldots, e_n(t)$, das in E^n orthonormiert ist und durch Anwendung des Schmidtschen Orthogonalisierungsverfahrens auf die Zeilen $u_1(t), \ldots, u_r(t), V_1(t), \ldots, V_{n-r}(t)$ der Matrix $\Phi(t)$ erhalten wird.

Die Behauptung bleibt auch für ein Gleichungssystem (1) mit fastperiodischen Koeffizienten richtig.

Die einfachsten Fälle, unter denen das Gleichungssystem (1), das den Bedingungen von Lemma 1 genügt, $n - r$ quasiperiodische linear unabhängige Lösungen besitzt, sind die Fälle, daß r Spalten der Matrix $U(t)$ auf $\overline{R}$ linear unabhängig sind oder daß $r + 1$ Spalten der Matrix $U(t)$ eine Matrix bilden, für die die Funktion, die aus den Minoren r-ter Ordnung besteht, keine beliebig kleinen Werte annimmt.

Im ersten Fall kann man die Matrix $V(t)$, die $U(t)$ zur quasiperiodischen Matrix $\Phi(t)$ ergänzt, aus den Einheitsvektoren $e_1 = (1, 0, \dots, 0)$, $e_2 = (0, 1, 0, \dots, 0)$, ..., $e_n = (0, 0, \dots, 1)$ bilden, wobei man aus ihnen diejenigen auswählt, deren Indizes nicht mit den Indizes der linear unabhängigen Spalten der Matrix $U(t)$ übereinstimmen.

Im zweiten Fall muß man die Matrix $V(t)$ aus den Einheitsvektoren $e_1, \dots, e_n$ und dem Vektor $d(t) = \big(d_1(t), \dots, d_{r+1}(t)\big)$ bilden, wobei der Vektor $d(t)$ aus den Minoren r-ter Ordnung besteht, die keine beliebig kleinen Werte annehmen. Nehmen wir an, daß die ersten $r + 1$ Spalten der Matrix $U(t)$ die benötigte Eigenschaft besitzen, dann können wir für $V(t)$ die Matrix

$$V(t) = \begin{pmatrix} d_1 & -d_2 & d_3 & \dots & (-1)^{r+1}\, d_{r+1} & 0 \\ 0 & 0 & 0 & \dots & 0 & 0 \end{pmatrix}$$

verwenden, wobei $d_j(t)$ die Minore r-ter Ordnung ist, die man aus den ersten $r + 1$ Spalten der Matrix $U(t)$ durch Streichung der j-ten Spalte erhält, E ist die $n - (r + 1)$-dimensionale Einheitsmatrix. Da in dem betrachteten Fall

$$|\det \Phi| = \left|\det \begin{pmatrix} U(t) \\ V(t) \end{pmatrix}\right| = \|d(t)\|^2 \geqq K > 0$$

gilt, besitzt die Matrix $\Phi(t)$ die geforderten Eigenschaften. Bevor wir zum allgemeinen Fall übergehen, beweisen wir einige Hilfssätze.

Lemma 2. *Es sei M die Menge aller skalaren fastperiodischen Funktionen, die bezüglich der arithmetischen Operationen Addition und Multiplikation einen Ring bilden und den Bedingungen*

$$\|u(t)\| = \big(u_1^2(t) + \dots + u_g^2(t)\big)^{1/2} \in M\,, \qquad \|u(t)\|^{-1} \in M$$

genügen, falls $u_1(t), \dots, u_g(t)$ zu M gehören und $\|u(t)\| \geqq K > 0$ gilt.

Wir nehmen an, daß für beliebiges p, $n - r + 1 \leqq p \leqq n$, eine beliebige Gleichung des Systems

$$u_{11}(t)\, x_1 + \dots + u_{1p}(t)\, x_p = 0\,, \tag{17}$$

deren Koeffizienten zu M gehören und der Bedingung

$$\|u(t)\| = 1$$

genügen, $p - 1$ auf $\overline{R}$ linear unabhängige Lösungen besitzt, die (koordinatenweise) zum Ring M gehören. Dann besitzt das Gleichungssystem (1), dessen Koeffizienten zu M gehören und eine Matrix $U(t) = \{u_{ij}(t)\}$ $(i = 1, 2, \dots, r;\ j = 1, 2, \dots, n)$ vom Rang r auf $\overline{R}$ bilden, $n - r$ auf $\overline{R}$ linear unabhängige fastperiodische Lösungen, die zu M gehören.

Beweis. Die Voraussetzungen des Lemmas sind derart, daß beim Übergang vom Gleichungssystem (1) zum System (14) die Koeffizienten im Ring M bleiben. Wir schreiben das Gleichungssystem (14) in der Gestalt

$$\langle e_1, x\rangle = 0\,, \qquad \langle e_2, x\rangle = 0, \dots, \quad \langle e_r, x\rangle = 0\,. \tag{18}$$

Es sei

$$\Phi_1(t) = \big(e_1(t), v_1(t), \dots, v_{n-1}(t)\big)$$

eine orthogonale Matrix, deren Elemente zu M gehören. Auf Grund der Voraussetzungen des Lemmas über die Existenz von auf $\bar{R}$ linear unabhängigen Lösungen der Gleichung

$$\langle e_1(t), x\rangle = 0\,,$$

die zum Ring M gehören, existiert stets eine solche Matrix. Mittels

$$x = \Phi_1(t)\, w\,, \qquad w = (w_1, x') = (w_1, x_2', \dots, x_n')$$

führen wir in (18) eine Koordinatentransformation durch. Unter Berücksichtigung, daß $\Phi_1(t)$ eine orthogonale Matrix ist, erhalten wir aus (18) das neue Gleichungssystem

$$w_1 = 0\,, \qquad \langle e_2', x'\rangle = 0, \dots, \langle e_r', x'\rangle = 0\,, \tag{19}$$

wobei

$$\Phi_1'(t)\, e_j = (0, e_j') \qquad (j = 2, 3, \dots, r)$$

gilt und $\Phi_1'(t)$ die zu $\Phi_1(t)$ adjungierte Matrix ist.

Bezeichnen wir mit $O_1(t)$ die $(n-1)\times(r-1)$-dimensionale Matrix

$$O_1(t) = \big(e_2'(t), \dots, e_r'(t)\big)\,,$$

so können wir die letzten $r-1$ Gleichungen des Systems (19) in der Gestalt

$$O_1'(t)\, x' = 0 \tag{20}$$

schreiben.

Die Lösungen des Gleichungssystems (18), die zu M gehören, erhalten wir aus denen für das System (20) nach der Formel

$$x = \Phi_1(t)\begin{pmatrix}0\\ x'(t)\end{pmatrix}.$$

Damit wurde das Problem, die in M liegenden Lösungen des Gleichungssystems zu bestimmen (1), das aus r Gleichungen mit n Unbekannten besteht, auf das analoge Problem für ein Gleichungssystem (20) mit $r-1$ Gleichungen und $n-1$ Unbekannten zurückgeführt. Folglich können wir nach einer endlichen Anzahl von Schritten das Problem auf die Bestimmung der in M liegenden Lösungen einer einzigen Gleichung mit $n-r-1$ Unbekannten

$$\langle e_r^{r-1}(t), x^{r-1}\rangle = 0 \tag{21}$$

zurückführen. Nach Voraussetzung hat diese Gleichung $n-r$ linear unabhängige Lösungen, die zu M gehören. Bestimmen wir diese Lösungen, so erhalten wir unter Verwendung der Transformationsformeln vom System (1) zur Gleichung (21) ein System von $n-r$ auf R linear unabhängigen Lösungen von (1), die zum Ring M gehören. Im Zusammenhang mit den Behauptungen von Lemma 2 erweist sich folgendes Lemma als nützlich:

Lemma 3. *Wenn der Wertevorrat der fastperiodischen Funktion* $u(t) = \big(u_1(t), \dots, u_n(t)\big)$, *für die* $\|u(t)\|^2 = u_1^2(t) + u_2^2(t) + \dots + u_n^2(t) \equiv 1$ *gilt, auf der Einheitssphäre* S^{n-1}: $u_1^2 + \dots + u_n^2 = 1$ *nicht überall dicht ist, dann besitzt die Gleichung*

$$u_1(t)\, x_1 + \dots + u_n(t)\, x_n = 0 \tag{22}$$

$n-1$ *auf* $\bar{R}$ *linear unabhängige fastperioidsche Lösungen, deren* Fourier-*Exponenten zum Modul der Funktion* $u(t)$ *gehören.*

Wir führen den Beweis von Lemma 3, indem wir die Lösungen der Gleichung (22) konstruieren und uns auf den Satz über das Argument [1] stützen. Ohne an Strenge zu verlieren, können wir annehmen, daß die Funktion $u(t)$ keine Werte in einer δ-Umgebung des Punktes

$$u_1 = 0,\ u_2 = 0, \dots, u_{n-1} = 0,\ u_n = 1 \tag{23}$$

annimmt. Durch eine Koordinatendrehung kann der allgemeine Fall auf diesen zurückgeführt werden. Die Koordinate $u_n(t)$ nimmt folglich Werte aus dem Intervall $[-1, \alpha], \alpha < 1$, an. Somit gilt für beliebiges $c \in (\alpha, 1)$

$$(u_n(t) - c)^2 + u_{n-1}^2(t) \geqq K > 0\,.$$

Nach dem Satz über das Argument können wir die Funktion $u(t)$ in der Gestalt

$$\begin{aligned} u_1 &= R\cos\psi_1\,, \\ u_2 &= R\sin\psi_1\cos\psi_2\,, \\ &\dots\dots\dots\dots\dots\dots\dots\dots \\ u_{n-1} &= R\sin\psi_1\cos\psi_2 \dots \sin\psi_{n-2}\cos\psi_{n-1}\,, \\ u_n &= c + R\sin\psi_1\cos\psi_2 \dots \sin\psi_{n-2}\cos\psi_{n-1} \end{aligned} \tag{24}$$

schreiben, wobei $R = \sqrt{u_1^2 + \dots + u_{n-2}^2 + (u_n - c)^2}$, $c = \text{const} \in (\alpha, 1)$ gilt und ψ_j durch $\psi_j = \langle p_j, \omega\rangle\, t + \varphi_j(t)$, $j = 1, 2, \dots, n-1$, definiert ist. Dabei sind $\varphi_j(t)$ quasiperiodische Funktionen mit der Frequenzbasis ω, $p_j = (p_{ij}, \dots, p_{mj})$ ist ein ganzzahliger Vektor.

Wir stellen die rechte Seite von (24) mittels der Funktion

$$f(\psi_1, \dots, \psi_{n-1}) = (\cos\psi_1, \sin\psi_1, \cos\psi_2, \dots, \sin\psi_1\sin\psi_2 \dots \sin\psi_{n-2}, \cos\psi_{n-1})$$

und des Einheitsvektors $e_n = (0, 0, \dots, 1)$ in der Gestalt $Rf(\psi_1, \dots, \psi_{n-1}) + ce_n$ dar und bilden das System von Vektorfunktionen $v_1, v_2, \dots, v_{n-1}$, indem wir

$$v_1 = R\,\frac{\partial f(\psi_1, \dots, \psi_{n-1})}{\partial\psi_1}; \quad v_2 = R\,\frac{\partial f(\pi/2, \psi_2, \dots, \psi_{n-1})}{\partial\psi_2}; \dots;$$

$$v_{n-1} = R\,\frac{\partial f(\pi/2, \dots, \pi/2, \psi_{n-1})}{\partial\psi_{n-1}}$$

setzen. Einfache Berechnungen zeigen, daß die euklidische Länge der Vektoren $v_1, \dots, v_{n-1}$ gleich R ist:

$$\|v_j\| = R \qquad (j = 1, 2, \dots, n-1)\,,$$

und daß das Vektorsystem

$$f, v_1, v_2, \dots, v_{n-1} \tag{25}$$

orthogonal ist,

$$\langle f, v_j\rangle = 0, \langle v_j, v_i\rangle = 0 \tag{26}$$

für $j = 1, 2, \dots, n-1$, $i \neq j$, $i = 1, 2, \dots, n-1$.

In der Tat, die Funktion f wird durch die rechte Seite von (24) für $R = 1$ und $c = 0$ definiert, d. h. $\langle f, f\rangle = 1$.

Daraus folgt

$$\frac{\partial}{\partial\psi_1}\langle f, f\rangle = 2\left\langle\frac{\partial f}{\partial\psi_1}, f\right\rangle = 2\left\langle\frac{V_1}{R}, f\right\rangle = 0\,,$$

da der Vektor v_1 orthogonal zu f ist. Für den Vektor

$$v_2 = R\,\frac{\partial f(\pi/2, \psi_2, \ldots, \psi_{n-1})}{\partial \psi_2}$$

gilt

$$V_2 = R\,\frac{1}{\sin\psi_1}\,\frac{\partial f(\psi_1, \psi_2, \ldots, \psi_{n-1})}{\partial \psi_2} = R\,\frac{1}{\cos\psi_1}\,\frac{\partial^2 f(\psi_1, \psi_2, \ldots, \psi_{n-1})}{\partial\psi_1\,\partial\psi_2}.$$

Daraus erhalten wir

$$\langle f, V_2\rangle = \frac{R}{\sin\psi_1}\left\langle f, \frac{\partial f}{\partial\psi_2}\right\rangle = \frac{R}{2\sin\psi_1}\,\frac{\partial}{\partial\psi_2}\,\langle f, f\rangle = 0\,,$$

$$\langle V_1, V_2\rangle = \frac{R^2}{\cos\psi_1}\left\langle\frac{\partial f}{\partial\psi_1}, \frac{\partial^2 f}{\partial\psi_1\,\partial\psi_2}\right\rangle = \frac{R^2}{2\cos\psi_1}\,\frac{\partial}{\partial\psi_2}\left\langle\frac{\partial f}{\partial\psi_1}, \frac{\partial f}{\partial\psi_1}\right\rangle = 0\,,$$

d. h., v_2 ist orthogonal zu f und v_1. Berücksichtigen wir weiter, daß für $j \geqq 2$ die Darstellung

$$V_j = R\,\frac{\partial f(\pi/2, \ldots, \pi/2, \psi_j, \ldots, \psi_{n-1})}{\partial\psi_j} = \frac{R}{\sin\psi_1 \ldots \sin\psi_{j-1}}\,\frac{\partial f(\psi_1, \ldots, \psi_{n-1})}{\partial\psi_j} =$$

$$= \frac{R}{\cos\psi_1\sin\psi_2 \ldots \sin\psi_{j-1}}\,\frac{\partial^2 f(\psi_1, \ldots \psi_{n-1})}{\partial\psi_1\,\partial\psi_j} = \ldots = \frac{R}{\cos\psi_1 \ldots \cos\psi_{j-1}}\,\frac{\partial^j f(\psi_1, \ldots, \psi_{n-1})}{\partial\psi_1\,\partial\psi_2 \ldots \partial\psi_j}$$

gilt, so folgt daraus die Orthogonalität des Vektors v_j zu den Vektoren $f, v_1, \ldots, v_{j-1}$.

Die Gleichungen (25) und (26) zeigen, daß die Matrix

$$\Phi_0 = \left(f, \frac{v_1}{R}, \ldots, \frac{v_{n-1}}{R}\right)$$

orthogonal ist. Ihre Determinante ist gleich $+1$ oder -1. Da die Determinante eine stetige Funktion von $\psi_1, \ldots, \psi_{n-1}$ ist, ist sie gleich dem Wert der Determinante der Matrix Φ_0 im Punkte $\psi_1, = \ldots = \psi_{n-1} = 0$. Die Matrix Φ_0 stellt in diesem Punkte eine Einheitsmatrix dar, d. h., ihre Determinante ist gleich $+1$.

Somit gilt $\det \Phi_0 = 1$. Wir definieren die Matrix Φ_1 durch

$$\Phi_1 = (ce_n, v_1, \ldots, v_{n-1})\,.$$

Da der Vektor v_j die Gestalt

$$v = R(\underbrace{0, \ldots, 0}_{j-1}, -\sin\psi_j, \ldots)$$

besitzt, gilt für die Determinante von Φ_1

$$\det \Phi_1 = R^{n-1}\, c \sin\psi_1, \ldots, \sin\psi_{n-1}\,.$$

Wir bilden die Matrix

$$\Phi = R\Phi_0 + \Phi_1 = (Rf + ce_n, v_1, \ldots, v_{n-1})\,.$$

Ihre Determinante ist gleich

$$\det \Phi = R^n \det \Phi_0 + \det \Phi_1 = R^n + R^{n-1} c \sin\psi_1 \ldots \sin\psi_{n-1}\,. \tag{27}$$

Wir zeigen jetzt, daß die Matrix

$$\Phi(t) = \Phi\big(R(t), \psi_1(t), \ldots, \psi_{n-1}(t)\big)\,,$$

die aus $\Phi(R, \psi_1, ..., \psi_{n-1})$ durch Ersetzen von $R, \psi_1, ..., \psi_{n-1}$ durch die Zeitfunktionen $R(t), \psi_1(t), ..., \psi_n(t)$, die bei der Darstellung von $U(t)$ in der Form (24) entstanden, erhalten wird, auf $\bar{R}$ nicht ausgeartet ist. In der Tat, nach (27), (24) und der Gleichung

$$R^2(t) = u_1^2(t) + ... + u_{n-1}^2(t) + \big(u_n(t) - c\big)^2$$

erhalten wir

$$\det \Phi(t) = R^{n-2}(t) \big(R^2(t) + R\, c \sin \psi_1(t) ... \sin \psi_{n-1}(t)\big) =$$
$$= R^{n-2}(t)\, [1 - 2u_n c + c^2 + c(u_n - c)] = R^{n-2}(t)\, (1 - u_n c)\,.$$

Wegen $u_n < c$ folgt daraus

$$\det \Phi(t) < R^{n-2}(t)\, (1 - c^2) \geqq K^{(n-2)/2}(1 - c^2) \neq 0\,,$$

d. h., $\Phi(t)$ ist auf $\bar{R}$ nicht ausgeartet. Darüber hinaus ist $\Phi(t)$ eine fastperiodische Matrix, deren FOURIER-Exponenten zum Modul der Funktion $u(t)$ gehören. Wenden wir den SCHMIDTschen Orthogonalisierungsprozeß auf die Spalten der Matrix $\Phi(t)$ an, so erhalten wir $n - 1$ auf $\bar{R}$ linear unabhängige fastperioidsche Lösungen der Ausgangsgleichung.

Wie aus dem Satz von BOHR [5] folgt, kann man jede quasiperiodische BOHRsche Funktion $u(t)$ mit der Frequenzbasis $\omega = (\omega_1, ..., \omega_m)$ durch eine stetige Funktion $u(\varphi) = u(\varphi_1, ..., \varphi_m)$ mit Winkelveränderlichen $\varphi = (\varphi_1, ..., \varphi_m)$, die bezüglich φ_j $(j = 1, 2, ..., m)$ periodisch mit der Periode 2π sind, durch die Relation

$$u(t) = u(\omega t) = u(\omega_1 t, ..., \omega_m t)$$

definieren.

Im folgenden beziehen wir uns auf den Funktionenraum $V^p(\omega)$ der quasiperiodischen Funktionen $u(t)$ mit der Frequenzbasis ω, deren zugehörige Funktionen $u(\varphi)$ bezüglich aller Variablen stetige partielle Ableitungen bis einschließlich p-ter Ordnung besitzen. Die Voraussetzungen von Lemma 3 sind für die ziemlich allgemeine Klasse $V^p(\omega)$ von quasiperiodischen Funktionen erfüllt, und zwar gilt:

Lemma 4. *Es sei $u(t) = \big(u_1(t), ..., u_n(t)\big)$ eine quasiperiodische Funktion mit der Frequenzbasis $\omega_1, ..., \omega_m$. Falls $\|u(t)\| \equiv 1$ gilt und die Funktion zum Raum $V^1(\omega)$ gehört, wobei die Relation $n < m + 1$ gelte, dann ist der Wertevorrat der Funktion $u(t)$ auf der Sphäre S^{n-1} nicht überall dicht.*

In der Tat, da die Funktion $u(t)$ zum Raum $V^1(\omega)$ gehört, gibt es nach Definition eine Funktion $u(\varphi) = u(\varphi_1, ..., \varphi_m)$ aus $C^1(\Gamma_m)$, für die $u(t) = u(\omega t)$ gilt. Dabei ist der Wertevorrat der Funktion $u(t)$ im Wertevorrat von $u(\varphi)$ überall dicht. Lemma 4 ist somit bewiesen, falls wir gezeigt haben, daß der Wertevorrat der Funktion $u(\varphi)$ als Punktmenge auf der Sphäre S^{n-1} nicht mit der gesamten Sphäre übereinstimmt. Das letzte gilt nach dem Satz von SARD [6]. Tatsächlich erzeugt die Funktion $u(\varphi)$ eine glatte Abbildung $u(\Gamma_m)$ des m-dimensionalen Torus Γ_m auf die $n - 1$-dimensionale Sphäre. Nach Voraussetzung gilt $n - 1 < m$. Somit ist das Maß des Bildes $u(\Gamma_m)$ auf der Sphäre S^{n-1} nach dem Satz von SARD gleich Null. Die Menge $u(\Gamma_m)$ ist abgeschlossen, folglich ist sie nicht überall dicht auf S^{n-1}.

Die folgende Behauptung über die quasiperiodischen Lösungen der Gleichung (22) stellt eine Folgerung der Lemmata 3 und 4 dar.

Satz 1. *Die Koeffizienten der Gleichung* (22) *seien quasiperiodisch und gehören zum Raum $V^p(\omega)$, $p \geqq 1$, $\omega = (\omega_1, ..., \omega_m)$. Falls die Koeffizientenfunktion $u(t) = \big(u_1(t), ..., u_n(t)\big)$ keine beliebig kleinen Werte annimmt und $n > m + 1$ gilt, besitzt Gleichung* (22) *$n - 1$ auf $\bar{R}$ linear unabhängige quasiperiodische Lösungen, die zum Raum $V^p(\omega)$ gehören.*

Die Existenz von $n - 1$ linear unabhängigen quasiperiodischen Lösungen von (22) mit der Frequenzbasis ω liefern uns die Lemmata 3 und 4. Es bleibt zu zeigen, daß diese Lösungen Elemente des Raumes $V^p(\omega)$ sind. Es sei $V(t) = (v_1(t), \ldots, v_{n-1}(t))$ eine quasiperiodische Matrix, die von den linear unabhängigen Lösungen der Gleichung (22) gebildet wird. Nach Lemma 2 ist die Matrix $\Phi(t) = \begin{pmatrix} U(t) \\ V(t) \end{pmatrix}$ auf $\bar{R}$ nicht ausgeartet. Wir approximieren die Matrix $V(t)$ hinreichend genau durch eine Matrix $V_0(t)$, die aus trigonometrischen Polynomen besteht, und bilden die Matrix $\Phi_0(t) = \begin{pmatrix} U(t) \\ V_0(t) \end{pmatrix}$. Da sich det $\Phi_0(t)$ von det $\Phi(t)$ wenig unterscheidet, ist die Matrix $\Phi_0(t)$ bei hinreichend genauer Approximation auf $\bar{R}$ nicht ausgeartet. Orthogonalisieren wir die Zeilen von $\Phi_0(t)$, so erhalten wir orthogonale Lösungen der Gleichung (22), die zum Raum $V^p(\omega)$ gehören.

Eine Folgerung von Lemma 2 und Satz 1 ist das folgende Resultat über die quasiperiodischen Lösungen des Gleichungssystems (1).

Satz 2. *Die Koeffizienten des Gleichungssystems* (1) *seien quasiperiodische Funktionen und gehören zum Raum* $V^p(\omega)$, $p \geqq 1$, $\omega = (\omega_1, \ldots, \omega_m)$. *Falls die Koeffizientenmatrix* $U(t) = \text{col}\,(u_1(t), \ldots, u_r(t))$ *auf* R *den Rang* r *hat und*

$$n > m + r \tag{28}$$

gilt, dann besitzt das Gleichungssystem (1) $n - r$ *auf* $\bar{R}$ *linear unabhängige quasiperiodische Lösungen, die zum Raum* $V^p(\omega)$ *gehören.*

Beweis. Unter der Voraussetzung $n > m + r$ genügt jede der Gleichungen (17) den Bedingungen von Satz 1, da die Anzahl p der Unbekannten in Gleichung (17) um wenigstens 1 größer als die Anzahl der Grundfrequenzen ist:

$$p \geqq n - r + 1 > m + 1\,.$$

Folglich sind alle Bedingungen von Lemma 2 erfüllt, die für die Existenz von $n - r$ linear unabhängigen Lösungen des Systems (1), die zum Ring $V^p(\omega)$ gehören, hinreichend sind.

Für periodische Funktionen nimmt die Ungleichung (28) die Gestalt

$$n > r + 1$$

an. Wenn wir dann noch berücksichtigen, daß für $n = r + 1$ das zu betrachtende Gleichungssystem, wie bereits bemerkt, immer eine periodische Lösung besitzt, dann gilt:

Satz 3. *Die Koeffizientenmatrix* $U(t) = (u_1(t), \ldots, u_r(t))$ *des Systems* (1) *sei stetig differenzierbar, periodisch und habe auf* $\bar{R}$ *den Rang* r. *Dann besitzt das Gleichungssystem* (1) $n - r$ *auf* $\bar{R}$ *linear unabhängige periodische Lösungen mit einer Periode, die mit der Periode von* $U(t)$ *übereinstimmt.*

Abschließend führen wir ein einfaches Beispiel an. Wir betrachten die Gleichung

$$\cos t x_1 + \sin t \cos \pi t x_2 + \sin t \sin \pi t \cos kt x_3 + \sin t \sin \pi t \sin kt x_4 = 0\,, \tag{29}$$

wobei k eine ganze Zahl ist. Der Koeffizientenvektor $u(t)$ hat die Gestalt

$$u(t) = (\cos t, \sin t \cos \pi t\,, \ \sin t \sin \pi t \cos kt\,, \ \sin t \sin \pi t \sin kt)$$

und stimmt mit dem Vektor (24) für $\Psi_1 = t$, $\Psi_2 = \pi t$, $\Psi_3 = kt$, $n = 4$, $c = 0$ und $R = 1$ überein. Als quasiperiodische Lösungen von (29), die auf $\overline{R}$ linear unabhängig (und sogar orthogonal) sind, haben wir die Funktionen

$$v_1(t) = (-\sin t\,,\ \cos t \cos \pi t,\ \cos t \sin \pi t \cos kt,\ \cos t \sin \pi t \sin kt)\,,$$
$$v_2(t) = (0,\quad -\sin \pi t\,,\quad \cos \pi t \cos kt,\quad \cos \pi t \operatorname{rin} kt)\,,$$
$$v_3(t) = (0,\quad 0,\quad -\sin kt,\quad \cos kt)\,.$$

Die allgemeine Lösung von (28) ist die Vektorfunktion

$$x(t) = \lambda_1(t)\, v_1(t) + \lambda_2(t)\, v_2(t) + \lambda_3(t)\, v_3(t)\,,$$

wobei $\lambda_1(t)$, $\lambda_2(t)$ und $\lambda_3(t)$ beliebige skalare Funktionen darstellen, die für alle $t \in \overline{R}$ definiert sind.

Eine der möglichen Anwendungen der oben dargelegten Theorie quasiperiodischer Lösungen algebraischer Gleichungssysteme (1) hängt mit dem Problem der Einführung zyklischer Koordinaten in der Umgebung einer quasiperiodischen Trajektorie eines dynamischen Systems

$$\frac{dx}{dt} = X(x) \tag{30}$$

zusammen. Dabei setzen wir voraus, daß $x = (x_1, \ldots, x_n)$ ein n-dimensionaler Vektor ist und $X(x) = \big(X_1(x), \ldots, X_n(x)\big)$ eine n-dimensionale Vektorfunktion darstellt, die im Gebiet D des euklidischen Raumes E_n definiert und bezüglich x p-mal ($p \geqq 2$) differenzierbar ist.

Das System (30) besitze eine quasiperiodische Trajektorie

$$x = x(t) \tag{31}$$

mit der Frequenzbasis $\omega = (\omega_1, \ldots, \omega_m)$. Wir setzen voraus, daß $x(t)$ zum Raum $V^p(\omega)$ gehört und daß m die wahre Dimension der Frequenzbasis ist. Das letztere bedeutet, daß in einer beliebigen Basis, nach der man die FOURIER-Exponenten der Funktion $x(t)$ entwickeln kann, nicht weniger als m Frequenzen enthalten sind. Unter den getroffenen Annahmen kann man leicht aus [7, 8] folgern, daß eine quasiperiodische Trajektorie (31) einen invarianten Torus Γ_m des Systems (30) bildet. Dieser Torus besitzt die Dimension m,

$$m \leqq n - 1\,,$$

die Glattheit p und wird durch eine Gleichung

$$x = F(\varphi) \tag{32}$$

beschrieben, wobei $F(\varphi) = F(\varphi_1, \ldots, \varphi_m)$ eine bezüglich φ_j ($j = 1, 2, \ldots, m$) mit der Periode 2π periodische Vektorfunktion ist, deren JACOBI-Matrix $\partial F(\varphi)/\partial\varphi$ im Periodenkubus Γ_m: $0 \leqq \varphi_j \leqq 2\pi$, $j = 1, 2, \ldots, m$, den Rang m hat. Eine beliebige Trajektorie, die auf dem Torus Γ_m liegt, ist quasiperiodisch mit der Frequenzbasis $\omega = (\omega_1, \ldots, \omega_m)$, überall dicht auf Γ_m und wird durch die Gleichung

$$x = F(\omega t + c) \tag{33}$$

beschrieben, wobei $c = (c_1, \ldots, c_m)$ beliebige Konstanten sind. Wie aus (33) ersichtlich ist, bilden die Trajektorien eines dynamischen Systems (30), die auf dem invarianten Torus (32) liegen, auf Γ_m ein dynamisches System, das durch das Gleichungssystem

$$\frac{\partial\varphi}{\partial t} = \omega \tag{34}$$

beschrieben wird.

Die Aufgabe, zyklische Koordinaten in der Umgebung einer quasiperiodischen Trajektorie (31) einzuführen, besteht darin, in einer Umgebung des Torus Γ_m Winkelkoordinaten $\varphi = (\varphi_1, \dots, \varphi_m)$ und Normalenkoordinaten $h = (h_1, \dots, h_{n-m})$ derart einzuführen, daß die Torusgleichung für Γ_m die Form $h = 0$ annimmt und daß die auf ihm liegenden Trajektorien durch das System (34) definiert werden. Die oben dargelegte Theorie erlaubt, dieses Problem für den Fall zu lösen, daß die Relationen

$$n \geqq 2m + 1 \qquad \text{bzw.} \qquad n = m + 1$$

gelten. In diesem Fall besitzt das algebraische Gleichungssystem

$$\left\langle \frac{\partial F(\omega t)}{\partial \varphi_i}, x \right\rangle = 0 \qquad (i = 1, 2, \dots, m)$$

$n - m$ linear unabhängige quasiperiodische Lösungen, die zum Raum $V^p(\omega)$ gehören. Die Matrix $\partial F(\omega t)/\partial \varphi$ kann dann zu einer auf $\bar{R}$ nicht ausgearteten quasiperiodischen Matrix

$$\Phi(\omega t) = \left(\frac{\partial F(\omega t)}{\partial \varphi}, B(\omega t) \right)$$

ergänzt werden, wobei die $n \times (n - m)$-dimensionale Matrix $B(\omega t)$ zum Raum $V^p(\omega)$ gehört. Dann ist aber die Matrix

$$\Phi(\varphi) = \left(\frac{\partial F(\varphi)}{\partial \varphi}, B(\varphi) \right)$$

für $0 \leqq \varphi_j \leqq 2\pi$ $(j = 1, 2, \dots, m)$ bezüglich φ, periodisch mit der Periode 2π und $(p - 1)$-mal stetig differenzierbar. Die Existenz der Matrix $\Phi(\varphi)$ gestattet, die neuen Veränderlichen φ und h mittels der Formel

$$x = F(\varphi) + B(\varphi)\, h \tag{35}$$

einzuführen. In den neuen Veränderlichen nimmt das System (30) die Gestalt

$$\frac{\partial F(\varphi)}{\partial \varphi} \left(\frac{d\varphi}{dt} - \omega \right) + \frac{\partial F(\varphi)}{\partial \varphi} \omega + \frac{\partial B(\varphi)\, h}{\partial \varphi} \left(\frac{d\varphi}{dt} - \omega \right) + \frac{\partial B(\varphi)\, h}{\partial \varphi} \omega +$$
$$+ B(\varphi) \frac{dh}{dt} = X\big(F(\varphi) + B(\varphi)\, h\big)$$

oder, falls wir die Beziehung

$$\frac{\partial F(\varphi)}{\partial \varphi} \omega = X\big(F(\varphi)\big)$$

berücksichtigen, die Form

$$\left(\frac{\partial F(\varphi)}{\partial \varphi} + \frac{\partial B(\varphi)\, h}{\partial \varphi} \right) \left(\frac{d\varphi}{dt} - \omega \right) + B(\varphi) \frac{dh}{dt} = X\big(F(\varphi) + B(\varphi)\big) - X\big(F(\varphi)\big) - \frac{\partial B(\varphi)\, h}{\partial \varphi} \omega. \tag{36}$$

an.

Da die Matrix $\Phi(\varphi)$ nicht ausgeartet ist, kann man ein $\alpha > 0$ angeben, so daß die Matrix

$$\Phi(\varphi, h) = \left(\frac{\partial F(\varphi)}{\partial \varphi} + \frac{\partial B(\varphi)\, h}{\partial \varphi}, B(\varphi) \right)$$

für alle φ, h aus dem Gebiet

$$\|h\| \leqq d \tag{37}$$

ebenfalls nicht ausgeartet ist. In diesem Gebiet kann das Gleichungssystem (36) bezüglich $d\varphi/dt - \omega$ und dh/dt aufgelöst werden, so daß wir das zu (30) äquivalente Gleichungssystem

$$\frac{d\varphi}{dt} = \omega + f(\varphi, h), \qquad \frac{dh}{dt} = A(\varphi, h) = P(\varphi)\, h + F(\varphi, h) \tag{38}$$

erhalten, wobei die Relationen

$$\frac{f(\varphi, h)}{A(\varphi, h)} = \Phi^{-1}(\varphi, h) \left(X\big(F(\varphi) + B(\varphi)\, h\big) - X\big(F(\varphi)\big) - \frac{\partial B(\varphi)\, h}{\partial \varphi}\, \omega \right), \qquad F(\varphi) = \frac{\partial A(\varphi, 0)}{\partial h}$$

gelten. Es ist offentsichtlich, daß die rechte Seite des Gleichungsssystems (38) im Gebiet (37) definiert, bezüglich φ_j $(j = 1, 2, \ldots, m)$ mit der Periode 2π periodisch und $(p - 1)$-mal bezüglich φ und h differenzierbar ist, wobei die Relationen

$$f(\varphi, 0) = 0, \qquad A(\varphi, 0) = 0, \qquad F(\varphi, 0) = 0, \qquad \frac{\partial F(\varphi, 0)}{\partial h} = 0 \tag{39}$$

gelten. Als Fazit dieser Darlegungen erhalten wir das

Lemma. *Das Differentialgleichungssystem* (30) *besitze die quasiperiodische Trajektorie*

$$x = x(t) = F(\omega t), \tag{40}$$

die zum Raum $V^p(\omega)$, $p \geqq 2$, $\omega = (\omega_1, \ldots, \omega_m)$ *gehöre. Wir setzen voraus, daß in einer gewissen Umgebung dieser Trajektorie die rechte Seite von* (30) *p-mal differenzierbar ist. Falls m die wahre Dimension der Frequenzbasis der quasiperiodischen Trajektorie ist und die Beziehungen*

$$n \geqq 2m + 1 \qquad \textit{bzw.} \qquad n = m + 1$$

gelten, kann man eine Zahl $\alpha > 0$ *angeben, so daß in einer α-Umgebung der Trajektorie* (40) *Koordinaten* $(\varphi, h) = (\varphi_1, \ldots, \varphi_m, h_1, \ldots, h_{n-m})$ *derart eingeführt werden können, daß das Gleichungssystem* (30) *in diesen Koordinaten die Gestalt* (38) *annimmt.*

Die Behauptung dieses Lemmas spielt bei der Untersuchung quasiperiodischer Lösungen von dynamischen Systemen [9, 10, 11] eine wichtige Rolle, da dort die Einführung der Koordinaten φ, h mit Ausnahme des Falles $m = 1$, der in [12] abgehandelt wurde, postuliert wird.

Literatur

[1] Леваитан, Б. М., Почти периодические функции, Moskau 1953.

[2] Sibuya, Y., Some Global Properties of Matrices of Functions of One Variable, Math. Ann. **161** (1965), 67—77.

[3] Вазов, В., Асимптотические разложения решений обыкновенных дифференциальных уравнений, гл. VII, Moskau 1968.

[4] Гантмахер, Ф. Р., Теория матриц, Moskau 1968.

[5] Bohr, H., Zur Theorie der fastperiodischen Funktionen, Acta math. **46**, (1925), 101 — 214.

[6] Стернберг, С., Лекции по дифференциальной геометрии, Moskau 1970.

[7] Poincaré, H., Leçons de mécanique céleste, T. 1, Paris, Gaithier-Villars, 1905.

[8] Андронов, А. А., и А. А. Витт, О квазипериодических движениях, Собрание трудов А. А., Андронова, изд. АН СССР, 1956.

[9] Мозер, Ю., Быстро сходящийся метод итераций и нелинейные дифференциальные уравнения, УМН, XXIII, 4 (1968), 179—238.

[10] Sacker, R., A New Approach to the Perturbation Theory of Invariant Surfaces, Comm. Pure Appl. Math., 18, 4 (1965), 717—732.

[11] Самойленко, А. М., О сохранении инвариантного тора при возмущении, Изв. АН СССР, сер. матем, **34** (1970), 1219—1241.
[12] Боголюбов, Н. Н., О некоторых статистических методах в математической физике, Kiew 1945.
[13] Боголюбов, Н. Н., и Ю. А. Митропольский, Метод интегральных многообразий в нелинейной механике, Труды международного симпозиума по нелинейным колебаниям, Kiew 1963.
[14] Боголюбов, Н. Н., и Ю. А. Митропольский, и А. М. Самойленко, Метод ускоренной сходимости внелинейной механике, Kiew 1969.

Über die Anwendung der Mittelungsmethode zur Untersuchung der Abzweigung einer periodischen Lösung von einem singulären Punkt

K. R. Schneider

1. Wir betrachten das n-dimensionale parameterabhängige System autonomer Differentialgleichungen

$$\frac{dx}{dt} = f(x, \lambda) \tag{1.1}$$

unter folgenden Voraussetzungen:

A_1. $f: D \times R \to R^n$ ist bezüglich x dreimal und bezüglich λ einmal stetig differenzierbar, wobei D eine Umgebung des Punktes $x = 0$ bedeutet.

A_2. $f(0, \lambda) \equiv 0 \ \forall \lambda \in R$.

A_3. Die Matrix $J(\lambda) = f_x(0, \lambda)$ besitzt genau ein Paar konjugiert komplexer Eigenwerte $a(\lambda) \pm ib(\lambda)$, die den Bedingungen

$$a(0) = 0\,, \quad a'(0) \neq 0\,, \quad b(0) \neq 0 \tag{1.2}$$

genügen. Der Realteil aller übrigen Eigenwerte ist für hinreichend kleine $|\lambda|$ von Null verschieden.

Unter diesen Voraussetzungen können wir das System (1.1) in der Gestalt

$$\frac{du}{dt} = Au + g_1(u, v, w, \lambda)\,, \quad \frac{dv}{dt} = Bv + g_2(u, v, w, \lambda)\,, \quad \frac{dw}{dt} = Cw + g_3(u, v, w, \lambda) \tag{1.3}$$

schreiben, wobei die Eigenwerte der reellen konstanten Matrizen A, B, C negativen, verschwindenden bzw. positiven Realteil besitzen, B eine 2×2-Matrix mit den imaginären Eigenwerten $\pm i\, b(0)$ ist und die Funktionen $g_i(u, v, w, \lambda)$ der Relation $g_i(u, v, w, \lambda) = o(|u| + |v| + |w| + |\lambda|)$ für $|u| + |v| + |w| + |\lambda| \to 0$ genügen. Nach einem Satz von A. Kelley [6] existiert unter den Voraussetzungen A_1 bis A_3 in der Umgebung des Ursprungs $u = v = w = 0$ eine (nicht notwendig eindeutige) zweidimensionale Integralmannigfaltigkeit $\mathfrak{M}$ (sie wird als Zentrumsmannigfaltigkeit bezeichnet) mit der Parameterdarstellung

$$u = z_1(v, \lambda)\,, \qquad w = z_2(v, \lambda)\,, \qquad |v| + |\lambda| \quad \text{hinreichend klein}$$

wobei z_1 und z_2 bezüglich v dreimal und bezüglich λ einmal stetig differenzierbar sind.

Das Verhalten der Trajektorien des n-dimensionalen Systems (1.1) auf der Mannigfaltigkeit $\mathfrak{M}$ wird folglich durch das zweidimensionale Differentialgleichungssystem

$$\frac{dv}{dt} = Bv + g_2\big(z_1(v, \lambda), v, z_2(v, \lambda), \lambda\big) \tag{1.4}$$

beschrieben. Die Frage nach dem Entstehen bzw. Verschwinden einer periodischen Lösung des Systems (1.1) beim Durchgang von λ durch $\lambda = 0$ wird somit auf die entsprechende Frage bei einem zweidimensionalen System zurückgeführt.

In der Arbeit [7] von H.-W. KNOBLOCH finden wir unter nahezu gleichen Voraussetzungen (lediglich A_1 ist dort durch die Forderung der Analytizität verschärft) ein analoges Vorgehen zur Untersuchung der Bifurkation des singulären Punktes eines n-dimensionalen Systems. Bereits 1957 bewies O. LYKOVA [8, 9] unter der Voraussetzung, daß f hinreichend glatt ist und daß in (1.3) $C = 0$ gilt, die Existenz einer zweidimensionalen Zentrumsmannigfaltigkeit, die sie zur Untersuchung des Verhaltens der Trajektorien von (1.1) in der Umgebung von $x = 0$ verwendete, ohne aber Bifurkationsprobleme zu erörtern.

Im folgenden Abschnitt untersuchen wir unter den Voraussetzungen A_1 bis A_3 das Problem der Bifurkation eines singulären Punktes eines zweidimensionalen Systems (1.1) einschließlich des Problems des asymptotischen Verhaltens der abzweigenden periodischen Lösung unter ausschließlicher Verwendung der Mittelungsmethode [4, 5]. Analoge Resultate wurden bereits früher von A. A. ANDRONOV [1, 2], JU. I. NEIMARK und seinen Schülern [3, 10] unter Verwendung der Theorie der punktweisen Abbildung erhalten.

2. Unter den Voraussetzungen A_1 bis A_3 existiert eine affine Koordinatentransformation, so daß wir das System (1.1) für $n = 2$ in der Gestalt

$$\frac{dx_1}{dt} = a(\lambda)\, x_1 - b(\lambda)\, x_2 + \tilde{f}_1(x_1, x_2, \lambda)\,, \qquad \frac{dx_2}{dt} = b(\lambda)\, x_1 + a(\lambda)\, x_2 + \tilde{f}_2(x_1, x_2, \lambda) \tag{2.1}$$

schreiben können, wobei $\tilde{f} = (\tilde{f}_1, \tilde{f}_2)$ dieselben Regularitätseigenschaften wie f besitzt und für $|x| = \sqrt{x_1^2 + x_2^2} \to 0$ und $|\lambda| \leqq \lambda^*$ gleichmäßig der Relation $\tilde{f}(x_1, x_2, \lambda) = O(|x|^2)$ genügt.

Durch Einführen von Polarkoordinaten $x_1 = r \cos\varphi$, $x_2 = r \sin\varphi$ erhalten wir aus (2.1)

$$\begin{aligned} \frac{dr}{dt} &= a(\lambda)\, r + \tilde{f}_1(r\cos\varphi, r\sin\varphi, \lambda)\cos\varphi + \tilde{f}_2(r\cos\varphi, r\sin\varphi, \lambda)\sin\varphi\,, \\ \frac{d\varphi}{dt} &= b(\lambda) + \frac{1}{r}\,[\tilde{f}_2(r\cos\varphi, r\sin\varphi, \lambda)\cos\varphi - \tilde{f}_1(r\cos\varphi, r\sin\varphi, \lambda)]\sin\varphi\,. \end{aligned} \tag{2.2}$$

Aus unseren Voraussetzungen folgt, daß es Zahlen $\lambda_1 > 0$ und $c_1 > 0$ gibt, so daß (2.2) für $|\lambda| < \lambda_1 \leqq \lambda^*$ und $0 \leqq r < c_1$ äquivalent zu einer Differentialgleichung der Gestalt

$$\frac{dr}{d\varphi} = \frac{a(\lambda)}{b(\lambda)}\, r + h_2(\varphi, \lambda)\, r^2 + h_3(\varphi, \lambda)\, r^3 + h(r, \varphi, \lambda) \tag{2.3}$$

ist, wobei h_2, h_3 und h im Gebiet $G \times R_1 = \{r, \varphi, \lambda: 0 \leqq r < c_1, 0 \leqq \varphi \leqq 2\pi, |\lambda| < \lambda_1\}$ bezüglich φ 2π-periodisch und dreimal stetig differenzierbar und bezüglich λ einmal stetig differenzierbar sind sowie h bezüglich r dreimal stetig differenzierbar ist; außerdem genügt $h(r, \varphi, \lambda)$ für $r \to 0$ gleichmäßig bezüglich $0 \leqq \varphi \leqq 2\pi$ und $|\lambda| \leqq \lambda_1$ der Relation $h(r, \varphi, \lambda) = o(r^3)$.

Die Voraussetzungen A_1 und A_3 implizieren die Darstellung

$$\frac{a(\lambda)}{b(\lambda)} = \lambda\alpha(\lambda)\,, \quad \alpha(0) \neq 0\,, \quad \alpha(\lambda) \quad \text{stetig}\,. \tag{2.4}$$

Setzen wir (2.4) in (2.3) ein, so erhalten wir nach einer kleineren Umformung

$$\frac{dr}{d\varphi} = \lambda\left[\alpha(0)\, r + \sum_{\nu \neq 1}^{3} \gamma_\nu(\varphi, \lambda)\, r^\nu\right] + \sum_{\nu=2}^{3} \beta_\nu(\varphi)\, r^\nu + h(r, \varphi, \lambda)\,, \tag{2.5}$$

wobei

$$\gamma_1(\varphi, \lambda) = \alpha(\lambda) - \alpha(0), \quad \beta_\nu(\varphi) = h_\nu(\varphi, 0), \quad \gamma_\nu(\varphi, \lambda)\,\lambda = h_\nu(\varphi, \lambda) - \beta_\nu(\varphi), \quad \nu = 2, 3, \tag{2.6}$$

gilt. Unter Verwendung der Definition für die Funktionen $h_\nu(\varphi, \lambda)$ kann man sich leicht folgendes Lemma ableiten.

Lemma 2.1. *Die Koeffizienten* $\beta_\nu(\varphi)$, $\nu = 2, 3$, *sind endliche Summen homogener Polynome in* $\sin\varphi$ *und* $\cos\varphi$, *deren Grad für* $\nu = 2$ *ungerade und* $\nu = 3$ *gerade ist.*

Korollar 2.1.

$$\int_0^{2\pi} \beta_2(\varphi)\, d\varphi = 0 .$$

Im folgenden setzen wir die Gültigkeit der Relation

$$\frac{1}{2\pi} \int_0^{2\pi} \beta_3(\varphi)\, d\varphi = b_3 \neq 0 \tag{2.7}$$

voraus. In Abschnitt 3 zeigen wir, daß diese Bedingung mit der Forderung übereinstimmt, daß der singuläre Punkt $x_1 = x_2 = 0$ des Systems (2.1) ein strukturell instabiler Fokus der Vielfachheit 1 ist. Zur Verifikation dieser Bedingung existiert ein einfaches Koeffizientenkriterium.

Wir substituieren jetzt in (2.5)

$$r = \varepsilon \bar{r}, \qquad \varepsilon > 0, \tag{2.8}$$

und erhalten

$$\frac{d\bar{r}}{d\varphi} = \lambda \left[\alpha(0)\,\bar{r} + \sum_{\nu=1}^{3} \gamma_\nu(\varphi, \lambda)\, \varepsilon^{\nu-1} \bar{r}^\nu\right] + \varepsilon \sum_{\nu=2}^{3} \beta_\nu(\varphi)\, \varepsilon^{\nu-2} \bar{r}^\nu + \bar{h}(\bar{r}, \varphi, \lambda, \varepsilon), \tag{2.9}$$

wobei $\bar{h}$ für $0 \leqq \bar{r} < r_1$, $0 \leqq \varphi \leqq 2\pi$, $|\lambda| < \lambda_1$, $0 \leqq \varepsilon < 1$ bezüglich λ einmal stetig und bezüglich der übrigen Variablen dreimal stetig differenzierbar ist. Außerdem genügt $\bar{h}$ in diesem Gebiet gleichmäßig den Relationen $\bar{h}(\bar{r}, \varphi, \lambda, \varepsilon) = o(\bar{r}^3)$, $\bar{h}(\bar{r}, \varphi, \lambda, \varepsilon) = o(\varepsilon^2)$. Wir setzen

$$p_1(\bar{r}, \varphi, \varepsilon) \equiv \sum_{\nu=2}^{3} \beta_\nu(\varphi)\, \varepsilon^{\nu-2} \bar{r}^\nu \tag{2.10}$$

Bekanntlich existiert zu einer bezüglich (t, x) stetigen und in t ω-periodischen Funktion $p(t, x)$ eine bezüglich (t, x) stetige, in t ω-periodische und bezüglich t partiell differenzierbare Funktion $q(t, x)$ derart, daß

$$p(t, x) = M(p)\,(x) + \frac{\partial}{\partial t}\, q(t, x) \tag{2.11}$$

gilt, wobei M der Mittelungsoperator

$$M(p)\,(x) \equiv \frac{1}{\omega} \int_0^{\omega} p(\tau, x)\, d\tau$$

ist. Folglich können wir die Funktion

$$p_1(\bar{r}, \varphi, 0) = \beta_2(\varphi)\, \bar{r}^2$$

unter Berücksichtigung von Korollar 2.1 in der Gestalt

$$p_1(\bar r, \varphi, 0) = \frac{\bar r^2}{2\pi}\int_0^{2\pi} \beta_2(\varphi)\, d\varphi + \frac{\partial q_1(\bar r; \varphi)}{\partial \varphi} = \frac{\partial q_1(\bar r, \varphi)}{\partial \varphi}$$

darstellen, wobei $q_1(\bar r, \varphi)$ durch

$$q_1(\bar r, \varphi) \equiv \bar r^2 \int_0^{\varphi} \beta_2(\sigma)\, d\sigma \tag{2.12}$$

definiert ist. Wir wenden jetzt die Abbildung

$$\eta = \bar r - \varepsilon q_1(\bar r, \varphi)\,, \tag{2.13}$$

die die Menge $0 \leqq \bar r < r_1$, $0 \leqq \varphi \leqq 2\pi$ für $|\varepsilon| \leqq \varepsilon_1(r_1)$ umkehrbar eindeutig auf die Menge $0 \leqq \eta < \eta_1$, $0 \leqq \varphi \leqq 2\pi$ abbildet, auf (2.9) an und erhalten

$$\frac{d\eta}{d\varphi} = \frac{d\bar r}{d\varphi} - \varepsilon\frac{\partial q_1}{\partial \varphi} - \varepsilon\frac{\partial q_1}{\partial \bar r}\frac{d\bar r}{d\varphi} = \lambda\left[\alpha(0)\,\bar r + \sum_{\nu=1}^{3}\gamma_\nu(\varphi, \lambda)\,\varepsilon^{\nu-1}\bar r^\nu\right] +$$
$$+ \varepsilon^2\bar r^3\beta_3(\varphi) + \bar h(\bar r, \varphi, \lambda, \varepsilon) - \varepsilon 2\bar r\int_0^{\varphi}\beta_2(\sigma)\, d\sigma\left\{\lambda\left[\alpha(0)\,\bar r + \sum_{\nu=1}^{3}\gamma_\nu(\varphi, \lambda)\,\varepsilon^{\nu-1}\bar r^\nu\right] +\right.$$
$$\left. + \varepsilon\sum_{\nu=2}^{3}\beta_\nu(\varphi)\,\varepsilon^{\nu-2}\bar r^\nu + h(\bar r, \varphi, \lambda, \varepsilon)\right\}. \tag{2.14}$$

Wir parametrisieren jetzt λ, indem wir $\lambda = \varepsilon^2\lambda_1(\varepsilon)$ für $|\varepsilon| < \varepsilon_1$ setzen, wobei $\lambda_1(\varepsilon)$ eine stetige Funktion von ε ist, die später geeignet gewählt wird. Damit erhalten wir unter Berücksichtigung von (2.13) aus (2.14)

$$\frac{d\eta}{d\varphi} = \varepsilon^2\left\{\alpha(0)\,\lambda_1(\varepsilon)\,\eta + \beta_3(\varphi)\,\eta^3 - 2\eta^3\int_0^{\varphi}\beta_2(\sigma)\, d\sigma\, \beta_2(\varphi) + h_4(\eta, \varphi, \varepsilon)\right\}, \tag{2.15}$$

wobei $h_4(\eta, \varphi, \varepsilon)$ für $0 \leqq \eta < \eta_1$, $0 \leqq \varphi \leqq 2\pi$, $|\varepsilon| < \varepsilon_1$ bezüglich η und φ dreimal stetig differenzierbar und bezüglich ε stetig ist sowie gleichmäßig den Relationen $h_4(\eta, \varphi, \varepsilon) = o(\eta)$ für $|\eta| \to 0$ und $h_4(\eta, \varphi, \varepsilon) = o(1)$ für $\varepsilon \to 0$ genügt.

Unter Verwendung der Funktion

$$\zeta(\eta, \varphi, \varepsilon) \equiv \alpha(0)\,\lambda_1(\varepsilon)\,\eta + \beta_3(\varphi)\,\eta^3 - \frac{d}{d\varphi}\left(\int_0^{\varphi}\beta_2(\sigma)\, d\sigma\right)^2\eta^3$$

können wir (2.15) in der Form

$$\frac{d\eta}{d\varphi} = \varepsilon^2[\zeta(\eta, \varphi, \varepsilon) + h_4(\eta, \varphi, \varepsilon)] \tag{2.16}$$

schreiben. $\zeta(\eta, \varphi, \varepsilon)$ können wir wieder nach (2.11) in der Gestalt

$$\zeta(\eta, \varphi, \varepsilon) = \alpha(0)\,\lambda_1(\varepsilon)\,\eta + \frac{1}{2\pi}\int_0^{2\pi}\beta_3(\varphi)\, d\varphi\, \eta^3 - \frac{\partial}{\partial\varphi} q_2(\eta, \varphi)$$

darstellen, wobei $q_2(\eta, \varphi)$ durch

$$q_2(\eta, \varphi) = \left(\int_0^{\varphi}\beta_3(\sigma)\, d\sigma - \frac{1}{2\pi}\int_0^{2\pi}\beta_3(\sigma)\, d\sigma\right)\eta^3 - \left(\int_0^{\varphi}\beta_2(\sigma)\, d\sigma\right)^2\eta^3 \tag{2.17}$$

definiert ist. Durch Anwendung der Transformation

$$\varrho = \eta + \varepsilon^2 q_2(\eta, \varphi), \tag{2.18}$$

die die Menge $0 \leqq \eta < \eta_1$, $0 \leqq \varphi \leqq 2\pi$ für $|\varepsilon| < \varepsilon_2(\eta_1) \leqq \varepsilon_1$ eineindeutig auf die Menge $0 \leqq \varrho < \varrho_1$, $0 \leqq \varphi \leqq 2\pi$ abbildet, erhalten wir aus (2.15) und (2.17)

$$\frac{d\varrho}{d\varphi} = \frac{d\eta}{d\varphi} + \varepsilon^2 \frac{\partial q_2(\eta, \varphi)}{\partial \varphi} + \varepsilon^2 \frac{\partial q_2(\eta, \varphi)}{\partial \eta} \frac{d\eta}{d\varphi} =$$

$$= \varepsilon^2 \left\{ \alpha(0)\, \lambda_1(\varepsilon)\, \eta + \frac{1}{2\pi} \int_0^{2\pi} \beta_3(\varphi)\, d\varphi\, \eta^3 - \frac{\partial}{\partial \varphi} q_2(\eta, \varphi) + h_4(\eta, \varphi, \varepsilon) + \frac{\partial}{\partial \varphi} q_2(\eta, \varphi) + \right.$$

$$\left. + \frac{\partial}{\partial \eta} q_2(\eta, \varphi)\, \varepsilon^2 [\zeta(\eta, \varphi, \varepsilon) + h_4(\eta, \varphi, \varepsilon)] \right\} =$$

$$= \varepsilon^2 \left\{ \alpha(0)\, \lambda_1(\varepsilon)\, \varrho + \frac{1}{2\pi} \int_0^{2\pi} \beta_3(\varphi)\, d\varphi\, \varrho^3 + h_5(\varrho, \varphi, \varepsilon) \right\}, \tag{2.19}$$

wobei $h_5(\varrho, \varphi, \varepsilon)$ für $0 \leqq \varrho < \varrho_1$, $0 \leqq \varphi \leqq 2\pi$, $|\varepsilon| < \varepsilon_2$ bezüglich η und φ dreimal stetig differenzierbar und bezüglich ε stetig ist sowie gleichmäßig den Relationen $h_5(\varrho, \varphi, \varepsilon) = o(\varrho)$ für $\varrho \to 0$ und $h_5(\varrho, \varphi, \varepsilon) = o(1)$ für $\varepsilon \to 0$ genügt; außerdem gilt nach (2.7) $M\beta_3 = b_3 \neq 0$.

Nehmen wir an, daß die Differentialgleichung (2.19) eine Familie $\varrho = \varrho(\varphi, \varepsilon)$ von 2π-periodischen Lösungen besitzt, die für $|\varepsilon| \to 0$ gleichmäßig gegen eine Konstante $\bar{\varrho}$ konvergiert, so folgt aus (2.19), daß $\bar{\varrho}$ eine Nullstelle der Funktion

$$\psi(\varrho) = \alpha(0)\, \lambda_1(0)\, \varrho + b_3 \varrho^3 \tag{2.20}$$

ist. Aus (2.20) folgt, daß $\psi(\varrho)$ die Nullstellen

$$\bar{\varrho}_0 = 0, \qquad \bar{\varrho}_1 = {}_{+}\sqrt{-\frac{\alpha(0)\, \lambda_1(0)}{b_3}}, \qquad \bar{\varrho}_2 = -{}_{-}\sqrt{-\frac{\alpha(0)\, \lambda_1(0)}{b_3}}$$

besitzt. Die Nullstelle $\bar{\varrho}_0 = 0$, die der trivialen periodischen Lösung $x = 0$ des Systems (2.1) entspricht, interessiert ebensowenig wie negative oder komplexe Nullstellen. Damit $\psi(\varrho)$ eine positive Nullstelle besitzt, muß $\alpha(0)\, \lambda_1(0)\, b_3 < 0$ gelten. Diese Bedingung verwenden wir zur Bestimmung von $\lambda_1(\varepsilon)$:

$$\lambda_1(\varepsilon) = \begin{cases} +1 & \text{falls } \alpha(0)\, b_3 < 0, \\ -1 & \text{falls } \alpha(0)\, b_3 > 0. \end{cases} \tag{2.21}$$

Wegen $\lambda = \varepsilon^2 \lambda_1(\varepsilon)$ bestimmt somit das Vorzeichen von $\alpha(0)\, b_3$, ob eine aus $x = 0$ abzweigende periodische Lösung von (1.1) für positive oder negative λ-Werte existieren kann. Der Bestimmtheit halber setzen wir im folgenden $\alpha(0)\, b_3 < 0$ voraus, so daß wir die Differentialgleichung

$$\frac{d\varrho}{d\varphi} = \varepsilon^2 \{\alpha(0)\, \varrho + b_0 \varrho^3 + h_5(\varrho, \varphi, \varepsilon)\} \tag{2.22}$$

betrachten. Das Problem der Abzweigung einer nichttrivialen periodischen Lösung des Systems (2.1) vom singulären Punkt $x = 0$ ist unter unseren Voraussetzungen folglich in das Problem übergeführt worden, die Existenz einer Schar $\varrho = \varrho(\varphi, \varepsilon)$ von nichttrivialen 2π-periodischen Lösungen des Systems (2.22) zu untersuchen, die für

$\varepsilon \to 0$ gegen den Punkt $\varrho = \bar{\varrho}_1 = +\sqrt{-\alpha(0)/b_3}$ konvergiert. Durch die Koordinatentransformation $\nu = \varrho - \bar{\varrho}_1$ verschieben wir $\bar{\varrho}_1$ in den Ursprung und erhalten aus (2.22) die Gleichung

$$\frac{d\nu}{d\varphi} = \varepsilon^2[-2\alpha(0)\,\nu + 3b_3\bar{\varrho}_1\nu^2 + b_3\nu^3] + h_5(\nu + \bar{\varrho}_1, \varphi, \varepsilon)\,. \tag{2.23}$$

Wegen $h_5(\nu + \bar{\varrho}_1, \varphi, 0) \equiv 0$ stellt $\nu = 0$ eine sogenannte quasistatische Lösung von (2.23) dar. Wegen $\alpha(0) \neq 0$ und $h_5 \in C^3$ bezüglich ν sind somit alle Voraussetzungen erfüllt, um den Hauptsatz der Mittelungsmethode [4, 5] auf (2.23) anwenden zu können. Als Ergebnis erhalten wir folgendes Resultat:

Lemma 2.2. *Unter den Voraussetzungen A_1 bis A_3 existiert eine Zahl $\varepsilon_0 > 0$, so daß die Differentialgleichung (2.23) für $0 < \varepsilon \leqq \varepsilon_0$ eine Schar $\nu = \nu(\varphi, \varepsilon)$ von nichtkonstanten 2π-periodischen Lösungen besitzt, die für $\varepsilon \to 0$ gegen $\nu = 0$ konvergieren. Im Falle $\alpha(0) > 0$ (< 0) sind diese Lösungen asymptotisch stabil (instabil). Für $0 < \varepsilon \leqq \varepsilon_0$ existiert in einer hinreichend kleinen Umgebung U von $\nu = 0$ keine von $\nu(\varphi, \varepsilon)$ verschiedene 2π-periodische Lösung von (2.23).*

Durch die Substitution $\bar{r} = \varrho + \varepsilon\varrho^2 \int_0^\varphi \beta_2(\sigma)\, d\sigma + \varepsilon^2 q_2(\varrho, \varphi)$ wird die Differentialgleichung (2.9) in eine Gleichung der Gestalt (2.22) transformiert. Nach [12] gilt dann die Fehlerabschätzung

$$\bar{r}(\varphi, \varepsilon) = \bar{\varrho}_1 + \varepsilon\bar{\varrho}_1^2 \int_0^\varphi \beta_2(\sigma)\, d\sigma + o(\varepsilon)\,. \tag{2.24}$$

Aus unseren obigen Betrachtungen können wir anhand von Lemma 2.2 und der Relation (2.24) den folgenden Satz ableiten:

Satz. *Unter den Voraussetzungen A_1 bis A_3 und der Bedingung (2.7) zweigt beim Durchgang von λ durch $\lambda = 0$ vom singulären Punkt $x = 0$ des Systems (2.1) genau eine nichtkonstante periodische Lösung $\Gamma(\lambda)$: $x = p(t, \lambda)$ ab, die für $\lambda \to 0$ das asymptotische Verhalten*

$$r(\varphi, \lambda) = \sqrt{\left|\frac{\alpha(0)\,\lambda}{b_3}\right|} - \frac{\alpha(0)\,\lambda}{b_3}\int_0^\varphi \beta_2(\sigma)\, d\sigma + o(\lambda)$$

aufweist. Falls $\alpha(0)\, b_3 > 0$ (< 0) gilt, existiert der Grenzzyklus $\Gamma(\lambda)$ für hinreichend kleine positive (negative) Parameterwerte λ. $\Gamma(\lambda)$ ist dabei orbital stabil bzw. instabil, falls $\alpha(0) > 0$ (< 0) bzw. $\alpha(0) > 0$ (< 0) gilt.

Im folgenden Abschnitt zeigen wir, daß zur Verifikation der Bedingung (2.7) ein einfaches Koeffizientenkriterium existiert.

3. Für $\lambda = 0$ lautet die Differentialgleichung (2.5)

$$\frac{dr}{d\varphi} = \beta_2(\varphi)\, r^2 + \beta_3(\varphi)\, r^3 + h(r, \varphi, 0) \equiv \bar{h}(r, \varphi)\,, \tag{3.1}$$

wobei $\bar{h}(r, \varphi)$ im Gebiet $G_1 = \{r, \varphi\colon\ 0 \leqq r < c_1,\ 0 = \varphi \leqq 2\pi\}$ bezüglich r und φ dreimal stetig differenzierbar ist und gleichmäßig der Bedingung $\bar{h}(r, \varphi) = o(r^3)$ genügt.

Eine Lösung $r = r(\varphi, r_0)$ von (3.1), die der Anfangsbedingung $r(0, r_0) = r_0$ genügt, ist eine Lösung der Integralgleichung

$$r(\varphi) = r_0 + \int_0^\varphi \bar{h}\big(r(\sigma), \sigma\big)\, d\sigma\,. \tag{3.2}$$

Unter unseren Voraussetzungen gibt es eine Zahl $r_* > 0$, so daß (3.2) für $0 \leqq r_0 \leqq r_*$ genau eine Lösung besitzt, die für $0 \leqq \varphi \leqq 2\pi$ existiert und im Gebiet G_1 liegt. Folglich ist die Funktion

$$z(r_0) = r(2\pi, r_0) - r_0 = \int_0^{2\pi} \bar{h}(r(\sigma, r_0), \sigma)\, d\sigma\,,$$

die den Zuwachs der r-Koordinate auf dem Strahl $\varphi = 0$ bei einem vollständigen Umlauf um den Ursprung auf einer Trajektorie von (3.1) kennzeichnet, für $0 \leqq r_0 < r_*$ definiert und dreimal stetig differenzierbar. Die Zahlen $\left.\frac{d^{(i)}z(r_0)}{dr_0^i}\right|_{r_0=0}$, $i = 1, 2, 3$, heißen i-te Fokusgrößen [2]. Der singuläre Punkt $r = 0$ der Differentialgleichung (3.1) wird als Fokus der Vielfachheit 1 bezeichnet, falls die Relationen $z'(0) = z''(0) = 0$, $z'''(0) \neq 0$ gelten [2]. Unter unseren Voraussetzungen bestehen zwischen den Fokusgrößen und den Funktionen $\beta_\nu(\varphi)$ folgende Beziehungen:

Lemma 3.1. *Unter den Voraussetzungen A_1 bis A_3 gelten die Relationen*

$$z'(0) = 0\,, \qquad z''(0) = 2\int_0^{2\pi} \beta_2(\varphi)\, d\varphi = 0\,,$$

$$z'''(0) = 3!\int_0^{2\pi} \beta_3(\varphi)\, d\varphi = 3!\, 2\pi b_3\,.$$

Beweis. Aus der Definition der Funktion $\bar{h}(r, \varphi)$ und den Eigenschaften der Funktion $h(r, \varphi, 0)$ folgen unmittelbar die Beziehungen

$$\bar{h}(0, \varphi) \equiv 0\,, \quad \left.\frac{\partial \bar{h}(r, \varphi)}{\partial r}\right|_{r=0} = 0\,, \quad \left.\frac{\partial^2 \bar{h}(r, \varphi)}{\partial r^2}\right|_{r=0} = 2\beta_2(\varphi)\,, \quad \left.\frac{\partial^3 \bar{h}(r, \varphi)}{\partial r^3}\right|_{r=0} = 3!\beta_3(\varphi)\,. \tag{3.3}$$

Folglich erhalten wir unter Verwendung von (3.3) die Relationen

$$z(0) = 0\,,$$

$$\left.\frac{dz(r_0)}{dr_0}\right|_{r_0=0} = \int_0^{2\pi} \left.\frac{\partial \bar{h}(r, \varphi)}{\partial r}\right|_{r=0} \cdot \left.\frac{\partial r(\sigma, r_0)}{\partial r_0}\right|_{r_0=0} d\sigma = 0\,,$$

$$\left.\frac{d^2 z(r_0)}{dr_0^2}\right|_{r_0=0} = \int_0^{2\pi} \left\{ \left.\frac{\partial^2 \bar{h}(r, \varphi)}{\partial r^2}\right|_{r=0} \left.\frac{\partial r(\sigma, r_0)}{\partial r_0}\right|_{r_0=0} + \left.\frac{\partial \bar{h}(r, \sigma)}{\partial r}\right|_{r=0} \cdot \left.\frac{\partial^2 r(\sigma, r_0)}{\partial r_0^2}\right|_{r_0=0} \right\} d\sigma =$$

$$= 2\int_0^{2\pi} \beta_2(\sigma) \frac{\partial r(\sigma, r_0)}{\partial r_0}\, d\sigma\,. \tag{3.4}$$

Nach (3.2) und (3.3) haben wir

$$\left.\frac{\partial r(\varphi, r_0)}{\partial r_0}\right|_{r_0=0} = 1 + \int_0^{\varphi} \left.\frac{\partial \bar{h}(r, \sigma)}{\partial r}\right|_{r=0} \left.\frac{\partial r(\sigma, r_0)}{\partial r_0}\right|_{r_0=0} d\sigma \equiv 1\,. \tag{3.5}$$

Folglich gilt unter Berücksichtigung von Korollar 2.1

$$\left.\frac{d^2 z(r_0)}{dr_0^2}\right|_{r_0=0} = 2\int_0^{2\pi} \beta_2(\sigma)\, d\sigma = 0\,.$$

Für $z'''(0)$ erhalten wir aus (3.4) und (3.3)

$$\left.\frac{d^{(3)} z(r_0)}{dr}\right|_{r_0=0} = 3!\int_0^{2\pi} \left\{\beta_3(\sigma) + \frac{1}{3}\beta_2(\sigma) \left.\frac{\partial^2 r(\sigma, r_0)}{\partial r_0^2}\right|_{r_0=0}\right\} d\sigma\,. \tag{3.6}$$

Nach (3.5) und (3.3) gilt

$$\left.\frac{\partial^2 r(\sigma, r_0)}{\partial r_0^2}\right|_{r_0=0} = 2 \int\limits_0^{\varphi} \beta_2(\sigma)\, d\sigma\,.$$

Folglich haben wir nach (3.6) und Korollar 2.1

$$\left.\frac{d^{(3)}z(r_0)}{dr_0^3}\right|_{r_0=0} = 3! \int\limits_0^{2\pi} \left\{\beta_3(\sigma) + \frac{1}{3}\frac{d}{d\sigma}\left(\int\limits_0^{\sigma} \beta_2(\tau)\, d\tau\right)^2\right\} d\sigma = 3!\, 2\pi b_3\,, \quad \text{q.e.d.}$$

Zur Berechnung der dritten Fokusgröße $z'''(0)$ existiert ein einfaches Koeffizientenkriterium. Schreiben wir das System (2.1) für $\lambda = 0$ in der Form

$$\frac{dx_1}{dt} = -\,b(0)\,x_2 + \sum_{2\leq i+j\leq 3} a_{ij}x_1^i x_2^j + \bar{f}_1(x_1, x_2)\,,$$

$$\frac{dx_2}{dt} = b(0)\,x_1 + \sum_{2\leq i+j\leq 3} b_{ij}x_1^i x_2^j + \bar{f}_2(x_1, x_2)\,,$$

wobei die Funktionen $\bar{f}_i(x)$ der Relation $\bar{f}_i(x) = o(|x|^3)$ für $|x| \to 0$ genügen, dann gilt nach [1, 11] für $\alpha_3 = z'''(0)/3! = 2\pi b_3$ der Ausdruck

$$\alpha_3 = \frac{\pi}{4b(0)}\left\{3(a_{30}+b_{03}) + a_{12} + b_{21} + \frac{1}{b(0)}\left[a_{11}(a_{20}+a_{02}) + 2(a_{02}b_{02} - a_{20}b_{20}) - b_{11}(b_{20}+b_{02})\right]\right\}.$$

Literatur

[1] Андронов, А. А., Витт, А. А., и С. Э. Хайкин, Теория колебаний, Moskau 1959.

[2] Андронов, А. А., Леонтович, Е. А., Гордон, И. И., и А. Г. Майер, Теория бифуркаций динамических систем на плоскости. Москва 1967.

[3] Барсук, Л. О., Белослудцев, Н. М., Неймарк, Ю. И., и Н. М. Сагланская, Устойчивость неподвижной точки преобразования в критическом случае и некоторые особые бифукрации. Изв. вузов Радиофизика **11** (1968), 1632—1641.

[4] Bogoljubov, N. N., und Ju. A. Mitropolskij, Asymptotische Methoden in der Theorie nichtlinearer Schwingungen. Berlin 1965.

[5] Hale, J. K., Ordinary Differential Equations. New York 1969.

[6] Kelley, A., The stable, center-stable, center, center-unstable, unstable manifolds. J. Diff. Equat. **3**, (1967), 546—570.

[7] Knobloch, H.-W., Hopf bifurcation via integral manifolds. 'Abh. Akad. Wiss. der DDR N3 (1977), 413—429.

[8] Лыкова, О. Б., О поведении решений системы дифференциальных уравнений в окрестности изолированного статического решения. Укр. мат. ж. **9** (1957), 281—295.

[9] Митропольский, Ю. А. и О. Б. Лыкова, Интегральныйе многообразия в нелинейной механике. Москва 1973.

[10] Неймарк, Ю. И., Метод точечных отображений в теории нелинейных колебаний. Изв. вузов Радиофизика 1, № 5/6, (1958).

[11] Schneider, K. R., Nichtlineare Differentialgleichungssysteme als mathematische Modelle neurophysiologischer Vorgänge. Dissertation. Humboldt-Universität Berlin 1967.

[12] Забрейко, П. П., и И. Б. Ледавская, К обоснованию метода Н. Н. Боголюбова — Н. Н. Крылова для обыкновенных диффенциальных уравнений. Дифф. Уравн. V (1969), 240—253.

Verzeichnis der wichtigsten Publikationen Ju. A. Mitropolskijs

1949

[1] Исследование колебаний в нелинейных системах со многими степенями свободы и медленно меняющимися параметрами. Укр. матем. журнал, **1** (1949), 2, 85—98.

[2] Исследование собственных колебаний нелинейной системы, близкой к точно интегрирующейся, при наличии медленно меняющихся параметров. Сборник трудов Ин-та строит. механики АН УССР (1949), 11, 99—106.

[3] Применение символических методов к исследованию нелинейных систем с медленно меняющимися параметрами. — Сборник трудов Ин-та строит. механики АН УССР (1949), 13, 99—111.

[4] Собственные колебания нелинейной системы с медленно меняющимися параметрами. Сборник трудов Ин-та строит. механики АН УССР (1949), 11, 107—114.

1950

[5] Исследование колебаний нелинейной системы с медленно меняющимися параметрами. Сборник трудов Ин-та строит. механики АН УССР (1950), 14, 134—144.

[6] Медленные процессы в нелинейных колебательных системах со многими степенями свободы. Прикл. матем. и механика **14**, (1950), 2, 139—170.

[7] О стационарных колебаниях в нелинейных системах со многими степенями свободы. Сборник трудов Ин-та строит. механики АН УССР (1950), 12, 228—233.

1952

[8] О прохождении через резонанс в нелинейной колебательной системе со многими степенями свободы. Сборник трудов Ин-та строит. механики АН УССР (1952), 17, 47—56.

1953

[9] Вынужденные колебания в нелинейных системах при прохождении через резонанс. Инж. сборник Ин-та механики АН СССР **15** (1953), 89—98.

[10] О колебанях в гироскопических системах при прохождении через резонанс. Укр. матем. журнал **5** (1953), 333—349.

1954

[11] О воздействии на нелинейный вибратор ,,синусоидальной'' силы с модулированной частотой. Укр. матем. журнал, **6** (1954), 442—447.

[12] О нестационарных колебаниях в системах со многими степенями свободы. Укр. матем. журнал **6** (1954), 176—189.

[13] Про вплив пружних елементів з нелінійною характеристикою на малі коливання в деяких гіроскопічних системах. Наук. записки Київськ. ун-ту, 13, вип. 8. Збірник матем. фак-ту (1954), 8, 107—114.

1955

[14] Асимптотические методы в теории нелинейных колебаний. Москва, Гостехиздат, 1955, 448 S. (Koautor Н. Н. Боголюбов).
[15] Нестационарные процессы в нелинейных колебательных системах. Киев, 1955, 248 S. (АН УССР. Ин-т строит. механики. Ин-т математики).
[16] К вопросу о прохождени ичерез резонанс второго рода. Укр. матем. журнал, **7** (1955), 121—123.

1956

[17] Асимптотические методы в теории нелинейных колебаний. Труды Третьего Всесоюзного математического съезда, Москва Изд-во АН СССР **2** (1956), 90—91.
[18] Асимптотические методы Н. М. Крылова и Н. Н. Боголюбова и их дальнейшее развитие. (Vortrag auf dem 4. Kongreß der rumänischen Mathematiker in Bukarest vom 27. 5.—4. 6. 1956.) Revue de Mathématiques pures et appliquées **1** (1956), 3, 15—26.
[19] Нестационарные процессы в нелинейных колебательных системах. Труды Третьего Всесоюзного математического съезда, Москва, Изд-во АН СССР, 1956, 224.

1957

[20] Воздействие на нелинейные колебательные системы внешних сил с переменными частотами. Buletinul Institutului Politehnic din Iasi, Ser. noua, **3** (1957), 1—2, 15—24.
[21] К вопросу о внутреннем резонансе в нелинейных колебательных системах. — Наук. записки Київськ. ун-ту, 16, вып. 2, Матем. сборник (1957) 9, 53—61.
[22] О некоторых дифференциальных уравнениях, встречающихся в теории релаксационных колебаний. Укр. матем. журнал **9** (1957), 296—309.
[23] Про асимптотичне представлення розв ''язків системи нелінійних рівнянь зі змінними коефіцієнтами. Наук. щорічник Київськ. ун-ту за 1956 р., 1957, 504—506.
[24] Про неусталені процеси в деяких релаксаційних коливних системах. — Наук. записки Київськ. ун-ту, 16, вип. 16. Збірник механ. — матем. фак-ту (1957), 10, 93—101.
[25] Четвертый конгресс румынских математиков. Укр. матем. журнал **9** (1957), 113 (Koautor: О. С. Парасюк).

1958

[26] Асимптотические методы в теории нелинейных колебаний. Изд. 2-е испр. и доп. Москва, Физматгиз, 1958, 408 S. (Koautor: Н. Н. Боголюбов).
[27] Нестационарные процессы в нелинейных колебательных системах. Пекин, 1958, 285 (Chinesisch).
[28] Асимптотические методы в теории нелинейных колебаний. Труды Третьего Всесоюзного математического съезда, Москва, Изд-во АН СССР, **3** (1958), 531—542.
[29] Минкола Миколайович Боголюбов. (ДО 50-річчя з дня народження). Вісник Київськ. ун-ту, Серія астрон. матем. та механіки **2** (1958), № 1, 191—210. (Koautoren: О. С. Парасюк, С. В. Тябликов).

[30] До питання про порядок погрішності при асимптотичному інтегруванні рівнянь, близьких до точно інтегровних. Вісник Київськ. ун-ту, Серія астрон., матем. та механіки, **2** (1958), № 1, 3—6.

[31] До питання про рівняння, близькі до точно інтегровних. Вісник Київськ. ун-ту, Серія астрон. матем. та механіки (1958), № 1.

[32] Об исследовании интегрального многообразия для системы нелинейных уравнений с переменными коэффициентами. Укр. матем. журнал, **10** (1958), 270—279.

[33] Об устойчивости однопараметрического семейства решений системы уравнений с переменными коэффициентами. Укр. мат. журнал, **10** (1958), 389—393.

[34] Quelques questions de l'intégration asymptotique des équations différentielles non-linéaires, Киев, 1958, 17 S. (АН УССР. Ин-т математики).

1959

[34] Николай Николаевич Боголюбов. (К 50-летию со дня рождения) Укр. матем. журнал **11** (1959), 3, 295—311 (Koautor: С. В. Тябликов).

[36] Николай Николаевич Боголюбов. (К 5-0летию со дня рождения). Успехи матем. наук, **14** (1959), 5, 167—180, (Koautor: С. В. Тябликов).

[37] Николай Николаевич Боголюбов. (К 50-летию со дня рождения). Успехи физ. наук, **69** (1959), 1, 159—164. (Koautor: С. В. Тябликов).

[38] До питання про нелінійні рівняння з періодичними коефіцієнтами. Вісник Київськ. ун-ту, Серія астрон. матем. та механіки, **2** (1959), 2, 3—12 (Koautor: О. Б. Ликова).

[39] Дослідження нестаціонарних коливальних режимів в системах з розподіленими параметрами. Вісник Київськ. ун-ту, Серія астроном. матем. та механіки, **1** (1959), 2, 3—17. (Koautor: Б. И. Мосеенков).

[40] Краткий очерк научной деятельности (Н. Н. Боголюбова). Николай Николаевич Боголюбов. Москва Изд-во АН СССР 1959, 5—16. (Koautor: С. В. Тябликов).

[41] О некоторых уравнениях, близких к точно интегрирующимся. В: Автоматическое управление и вычислительная техника, Москва 1959, 221—248.

[42] О периодических решениях систем нелинейных дифференциальных уравнений, правые части которых не дифференцируемы. Укр. матем. журнал, **11** (1959), 366—379.

[43] О периодических решениях системы нелинейных дифференциальных уравнений с недифференцируемыми правыми частями. ДАН СССР **128** (1959), 1118—1121.

[44] Про періодичні розв''язки систем нелінійних диференціальних рівнянь, близьких до автономних. ДАН УРСР (1959), 1175—1178. (Koautor: О. Б. Лыкова).

1960

[45] До питання про періодичні розв''язки неавтономних систем у випадку ізольованого породжуючого розв''язку. ДАН УРСР (1960), 3—6. (Koautor: О. Б. Лыкова).

[46] К вопросу о периодических решениях систем нелинейных уравнений с малым параметром. Укр. матем. журнал **12** (1960), 391—401. (Koautor: О. Б. Лыкова).

[47] К вопросу о периодических решениях системы нелинейных дифференциальных уравнений с недифференцируемыми правыми частями. Buletinul Institutului Politehnic din Iaşi. Ser. nouă, **6** (1960), 3—4, 7—12. (О. Б. Лыкова).

[48] Николай Митрофанович Крылов. (К 80-летию со дня рождения). Укр. матем. журнал, **12** (1960), 205—208 (Koautor: Н. Н. Боголюбов).

[49] Najnowsze osiagniecia w dziedzine mechaniki nieliniowej. Rozprawy inzynierskie, 8 (1960), 2, 125—135.
[50] Sur les multiplicités intégrales des systèmes d'équations différentielles non-linéaires ayant un petit paramètre. Annali di matematica pure ed applicata, **49** (1960), 181—192.

1961

[51] Дослідження коливань в системах з розподіленими параметрами. (Асимптотичні методи). Киев 1961, 123 S. (Київск. ун-т). (Koautor: Б. И. Мосеенков).
[52] Исследование нестационарных колебаний в нелинейных системах. Киев, 1961, 43 S. (Междунар. союз по теор,. и прикл. механике. Симпозиум по нелинейным колебаниям. АН УССР. Ин-т математики).
[53] Метод интегральных многообразий в нелинейной механике. Киев, 1961, 126 S. (Междунар. союз по теор. и прикл. механике). Симпозиум по нелинейным колебаниям. АН УССР. Ин-т математики). (Koautor: Н. Н. Боголюбов).
[54] Побудова асимптотичного розв''язку автономні системи з сильною нелінійністю. ДАН УРСР (1961), 839—844. (Koautor: П. М. Сеник).
[55] Про нелінійні диференціальні рівняння з періодичними коэфіціэнтами та повільно змінними параметрами. Вісник Київськ. ун-ту, Серія матем. та механіки **2** (1961), 3, 3—10 (Koautor: О. Б. Лыкова).
[56] Asymptotic Methods in the Theory of Non-Linear Oscillations. New York, Gordon and Breach Science Publ. (Delhi Hindustan Publishing Corp. India), 1961, 537 p. (Koautor: N. N. Bogoliubov).
[57] Dasselbe: Shuppan Kyoritsu, Tokyo, 1961, 468 S. (Japanisch).
[58] Investigation of the Nonstationary Oscillations of Non-Linear Systems. Киев, 1961, 43 S. (АН УССР. Ин-т математики).
[59] Nonstationary Processes in Non-Linear Oscillatory Systems. Air Technical Intelligence Translation ATIC-270579 F-9085/V, 1961, 385.
[60] The Method of Integral Manifolds in Non-Linear Mechanics. Киев, 1961, 126 S. (АН УССР, Ин-т математики). (Koautor: Н. Н. Боголюбов).

1962

[61] Метод интегральных могообразий в теории нелинейных дифференциальных уравнений. (Vortrag auf dem V. Internationalen Mathematikerkongreß in Stockholm) Киев, 1962, 46 S. (АН УССР. Ин-т математики).
[62] Нестационарные процессы в нелинейных колебательных системах. Токио. 1962. 399 S. (Japanisch).
[63] Аналитические методы теории нелинейных колебаний. Труды Всесоюзного съезда по теоретической и прикладной механике. Изд-во АН СССР, 1962, 25—35. (Koautor: Н. Н. Боголюбов).
[64] Международное совещание по нелинейным колебаниям. Строит. механика и расчет сооружений (1962), 1, 44—45.
[65] Основные направления в теории нелинейных колебаний и их развитие. Хиросима, 1962, 193—202 (Japanisch).
[66] Méthodes analytiques de la théorie des oscillations non-linéaires. Proceedings of the Tenth International Congress of Applied Mechanics. Stresa, 1960. Amsterdam-New York, Elsevier Publishing Company, 1962, 9—25. (Koautor: N. N. Bogoliubov).
[67] Les méthodes asymptotiques en théorie des oscillations non-linéaires, Paris, Gauthier-Villars, 1962, 518 S. (Koautor: N. N. Bogoliubov).
[68] Dasselbe: Peking 1962, 537 S. (Chinesisch).
[69] The Method of Integral Manifolds in the Theory of Non-Linear Differential Equations (Paper presented to the V-th International Mathematical Congress in Stockholm). Киев 1962, 48 S. (АН УССР. Ин-т математики).

1963

[70] Асимптотические методы в теории нелинейных колебаний. Изд. 3-е испр. и доп., Москва, Физматгиз, 1963, 410 S. (Koautor: Н. Н. Боголюбов).

[71] Исследование нестационарных колебаний в нелинейных системах. Труды международного симпозиума по нелинейным колебаниям. Киев, Изд-во АН УССР **3** (1963), 241—274.

[72] Метод интегральных многообразий в нелинейной механике. В кн.: Труды Международного симпозиума по нелинейным колебаниям. Киев, Изд-во АН УССР **1** (1963), 93—154. (Koautor: Н. Н. Боголюбов).

[73] Основные направления в теории нелинейных колебаний и их развитии. Ebenda 15—22.

[74] The Method of Integral Manifolds in Non-Linear Mechanics. Contributions to Differential Equations. New York, J. Wiley & Sons., Inc., **2** (1963), 123—196. (Koautor: N. N. Bogoliubov).

[75] The Method of Integral Manifolds in the Theory of Nonlinear Oscillations. International Symposium of Non-Linear Differential Equations and Mon-Linear Mechanics. New York and London, Academic Press, 1963, 1—15.

1964

[76] Исследование поведения решений нелинейных уравнений в окрестности положения равновесия, Киев, 1964, 44 S. (Гос. ком. Совета Министров УССР по координации н.-и. работ Ин-т техн. информации АН УССР. Институт математики) (Koautor: О. Б. Лыкова).

[77] Проблемы асимптотической теории нестационарных колебаний. Москва, ,,Наука", 1964, 431 S.

[78] До питання про структуру траєкторій на тороідальних многовидах. ДАН УРСР, 1964, 984—986 (Koautor: А. М. Самойленко).

[79] Летняя математическая школа в г. Каневе. Успехи матем. наук **19**, 1 (1964), 229—231 (Koautor: Ю. Ю. Трохимчук).

[80] Метод интегральных многообразий в теории дифференциальных уравнений. Труды Четвертого Всесоюзного математического съезда. Москва, ,,Наука", **2** (1964), 432—437. (Koautor: Н. Н. Боголюбов).

[81] Некоторые вопросы теории нелинейных колебаний.Nonlinear vibration problems. Second conference on nonlinaer vibrations, Warszawa, September 18—21, 1964, 27—36, Warszawa, Państwowe Wydawnictwo Naukove, 1964, 27—36.

[82] О построении общего решения нелинейных дифференциальных уравнений с помощью метода, обеспечивающего ,,ускоренную" сходимость. Укр. матем. журнал **16** (1964), 475—501. Bemerkung des Autors zu diesem Artikel: Ebenda S. 712.

[83] Об интегральном многообразии нелинейных дифференциальных уравнений, содержащих медленные и быстрые движения. Укр. матем. журнал **16** (1964), 157—163 (Koautor: О. Б. Лыкова).

[84] Об исследовании интегрального многообразия для системы нелинейных уравнений, близких к уравнениям с переменными коэффициентами в гильбертовом пространстве. Укр. матем. журнал **16** (1964), 334—338.

[85] Anwendung asymptotischer Methoden der nichtlinearen Mechanik zur Untersuchung nichtlinearer Schwingungssysteme mit verteilten Parametern (Vortrag zur III. Konferenz über nichtlineare Schwingungen. Berlin, Mai, 1964). Kiew 1964.

[86] Etudes des régimes quasipériodiques dans les systèmes oscillants non-linéaires (Rapport pour la Conférence internationale sur les vibrations non-linéaires, Marseille, septembre 1964). Kiew 1964 (Koautor: Н. Н. Боголюбов).

1965

[87] Исследование поведения решений нелинейных уравнений в окрестности положения равновесия. Математическая физика. Киев 1965, 74—96. (Koautor: О. Б. Лыкова).
[88] О построении решений линейных дифференциальных уравнений с квазипериодическими коэффициентами с помощью метода ускоренной сходимости. Укр. матем. журнал **17** (1965), 42—59. (Koautor: А. М. Самойленко).
[89] О существовании квази-периодических решений возмущенной канонической системы.: Les vibrations forcées dans les systèmes non-linéaires. Paris. Editions du centre national de la recherche scientifique, 1965, 181—204. (Koautor: О. Б. Лыкова).
[90] Об интегральном многообразии нелинейной системы в гильбертовом пространстве. Укр. матем. журнал **17** (1955), 5, 43—53. (Koautor: О. Б. Лыкова).
[91] Об исследовании квази-периодических режимов в нелинейных колебательных системах. Les vibrations forcées dans les systèmes non-linéaires, Paris, Editions du centre national de la recherche scientifique, 1965, 181—204. (Koautor: Н. Н. Боголюбов).
[92] Применение асимптотических методов нелинейной механики к исследованию нелинейных колебательных систем с распределенными параметрами. III. Konferenz über Nichtlineare Schwingungen. Berlin, Akademie-Verlag, 1965.
[93] Asymptotische Methoden in der Theorie der nichtlinearen Schwingungen. Berlin, Akademie-Verlag, 1965. 453 S. (Koautor: N. N. Bogoljubov).
[94] Problems of the Asymptotic Theory of Nonstationary Vibrations. Jerusalem. Isreal Program for Scientific Translations, 1965.

1966

[95] Лекции по методу усреднения в нелинейной механике. Киев, 1966.
[96] Асимптотические методы нелинейной механики применительно к нелинейным дифференциальным уравнениям с запаздывающим аргументом. Укр. матем. журнал **18** (1966), 3, 65—84. (Koautor: В. И. Фодчук).
[97] Метод усереднення в нелінійній механіці. (Оглядова доповідь). Друга наукова конференція молодих математиків України. Киев 1966, 5—34.
[98] Метод ускоренной сходимости в задачах нелинейной механики. Funkcialaj Ekvacioj Japan 9 (1966), 1—3, 24—42.
[99] Об исследовании одного класса нелинейных дифференциальных уравнений в гильбертовом пространстве. Международный математический конгресс. Москва, 1966. Секция 6. Обыкновенные дифференциальные уравнения. Тезисы кратких научных сообщений. Москва 1966, 38—39. (Koautor: О. Б. Лыкова).
[100] Problèmes de la Théorie Asymptotique des oscillations nonstationaires. Paris, Gauthier-Villars Editeur, 1966.

1967

[101] К вопросу исследования нелинейных дифференциальных уравнений в гильбертовом пространстве. Математическая физика, Киев, вып. 3 1967, 169—184. (Koautor: О. Б. Лыкова).
[102] К вопросу построения решений линейных дифференциальных уравнений с квазипериодическими коэффициентами. Ebenda 185—199. (Koautor: А. М. Самойленко).
[103] Применение асимптотических методов нелинейной механики для исследования колебаний в нестационарных системах с распределенными параметрами и запаздыванием. Fourth conference on non-linear oscillations. Praha, 5th—9th Septem., 1967, 32—34. (Koautor: Д. Г. Кореневскмй).
[104] О построении решений и приводимости дифференциальных уравнений с квази-периодическими коэффициентами. Fourth conference on non-linear oscillations. Praha, 5th—9th Septem., 1967, 31—32.

[105] Об асимптотических представлениях, улучшенных в среднем, для существенно нелинейных систем. Укр. матем. журнал **19** (1967), 5, 76—86. (Koautor: П. М. Сеник).
[106] Об основных результатах исследования в отделе математической физики и теории нелинейных колебаний Института математики АН УССР. Укр. матем. журнал **19** (1967), 6, 39—64.
[107] Применение принципа усреднения к исследованию влияния случайных воздействий на колебательные системы. Математическая физика, Киев вып. **3** (1967), 146—168. (Koautor: В. Г. Коломиец).
[108] Averaging Method in Non-Linear Mechanics **2** (1967), 69—96.
[109] The Monofrequency Method in the Dynamic Analysis of Structures. New York, A Special Research Report, 1967. (Koautor: B. I. Moseenkov).

1968

[110] О построении решений почти диагональных систем линейных дифференциальных уравнений с помощью метода, обеспечивающего ускоренную сходимость, УМЖ **20** (1968), 166—175. (Koautor: Е. П. Белан).
[111] Метод прискореноі збіжності в задачах нелінійноі механіки. 6—38, Сб. трудов третьей научной конференции молодых математиков Украины, Киев 1967, 6—34.
[112] О принципе сведения в теории устойчивости линейных дифференциальных уравнений. — УМЖ **20** (1968), 654—660. (Koautor: Е. П. Белан).
[113] Об устойчивых интегральных многообразиях для одного класса сингулярно возмущенных систем с запаздыванием, УМЖ **20** (1968), 791—801. (Koautor: В. И. Фодчук).
[114] Исследование нелинейных колебаний в системах с распределенными параметрами и запаздыванием, Математическая физика. Киев вып. **4** (1968), 93—145. (Koautor: Д. Г. Кореневский).
[115] О построении решений и приводимости дифференциальных уравнений с квази-периодическими коэффициентами. Третий Всесоюзный съезд по теоретической и прикладной механике. Москва 1968, 212—213.
[116] Лекции по применению асимптотических методов к решению уравнений в частных производных, Ин-т математики АН УССР, Москва 1968, (Koautor: Б. И. Мосеенков).
[117] Приведение нелинейных дифференциальных уравнений с квази-периодическими коэффициентами, Сб. тр. конф. по нелинейной механике, 1968.
[118] О приведении к стандартному виду, Тр. семинара по математической физике и нелинейным колебаниям, Киев, вып. **2**, (1968), 4—20. (Koautoren: А. М. Самойленко, Т. С. Стрижак).
[119] О признаках осцилляции (неосцилляции) решений нелинейных неавтономных дифференциальных уравнений высших порядков с запаздывающим аргументом. Третий Всесоюзн. съезд по теор. и прикладной механике. Москва, 1968. (Koautor: В. Н. Шевело).
[120] H. Poincaré et al théorie des oscillations non-linéaires. In: XIIe Congrès International d'Historie des Sciences. Résumés des communications. Paris, 25—31 Août, 1968, 152—153.

1969

[121] Лекции по методу интегральных многообразий в нелинейной механике. Киев 1968. (Koautor: О. Б. Лыкова).
[122] Метод ускоренной сходимости в задачах нелинейной механики, Киев 1969. (Koautoren: Н. Н. Боголюбов и А. М. Самойленко).
[123] Основные достижения в области математики в Академии наук УССР за пятьдесят лет, УМЖ **21** (1969), 147—164.

[124] Развитие вычислительной математики и математического моделирования в Институте математики Академии наук Украинской ССР, УМЖ **21** (1969), 165—172. (Koautoren: П. Ф. Фильчаков, В. И. Панчишин).

[125] Pri evoluo de la reduktoteorio por diferencialaj ekvacioj kun kvaziperiodaj koeficientoj, El Scienca Revo de Internacia Scienca Asocio Esperantista. Vol. **20** (1969), 1, 33—37. (Col. B. M. Bogatyrev, Yar. O. Matvijišyn).

[126] Про існування і стійкість обмеженого розв''язку сингулярно збуреної системи иіз запізненням, ДАН УРСР (1969) 3, Ser. A, 210—213. (Koautor: В. І. Фодчук).

[127] Периодические решения нелинейных систем уравнений в частных производных нейтрального типа. Укр. матем. журнал **21** (1969), 475—486. (Koautor: Б. П. Ткач).

[128] Краткий очерк научной деятельности Н. Н. Боголюбова. Н. Н. Боголюбов „Избранные труды" Киев, **1** (1969), (Koautoren: С. В. Тябликов и В. П. Шелест).

[129] Применение асимптотических методов к системам с распределенными параметрами и запаздыванием. Прикладная механика, вып. **4** (1969), 18—24. (Koautor: Д. Г. Кореневский).

[130] On the Integral Manifolds of a Nonlinear System in a Hilbert Space, American Mathematical Society, Translations Series II, Vol. 16. (1969), 117—130. (Koautor: O. B. Lykova).

[131] Лекции по теории колебаний систем с запаздыванием. Киев 1969 (Koautor: Д. И. Мартынюк).

[132] Николай Николаевич Боголюбов (к шестидесятилетию со дня рождения. (Koautoren: В. С. Владимиров, Д. Н. Зубарев, Б. В. Медведев, О. С. Парасюк, М. К. Поливанов) Успехи мат. наук, XXIУ, вып. 4 (1969), 148, 207—215.

[133] Николай Николаевич Боголюбов (К шестидесятилетию со дня рождения) (Koautoren: Д. Н. Зубарев, Б. В. Медведев, М. К. Поливанов) УФН **98** (1969), 741—744.

[134] О резонансных явлениях, обусловленных начальными условиями в динамических системах распределенными параметрами и запаздыванием по времени. Прикладная механика, **5**, вып. 9, (1969), 111—113. (Koautor: Д. Г. Кореневский).

[135] Николай Николаевич Боголюбов (К шестидесятилетию со дня рождения) УМЖ **21** (1969), 435—446. (Koautoren: О. С. Парасюк и В. П. Шелест).

1970

[136] Метод усреднения в нелинейной механике, Труды V. Международного конгресса по нелинейным колебаниям, Т. I Москва 1970, 21—39.

[137] О принципе усреднения для гиперболических уравнений вдоль характеристик, Укр. матем. журн. **22** (1970), 600—611. (Koautor: Г. П. Хома).

[138] Асимптотические методы в нелинейной механике, История отечественной математики, IУ, кн. **2** (1970), 264—290. (Koautoren: Н. Н. Боголюбов и О. Б. Лыкова).

[139] О быстро сходящихся решениях уравнений, содержащих малый параметр. Congrès International des Mathematiciens Nice 1970.

1971

[140] Про стійкість розв''язків нелінійних диференціальних рівнянь в банаховому просторі, Доповіді АН УРСР, 1971, 409—413 (Koautor: О. Б. Лыкова).

[141] Об асимптотическом интегрировании нелинейной смешанной краевой задачи в частных производных, Укр. матем. журнал **23** (1971), 543—547, (Koautor: В. Л. Кульчицкий).

[142] К вопросу обоснования принципа усреднения для дифференциально разностных уравнений. Третья республиканская конференция математиков Белоруссии, 4—7 июня 1971 г. Тезисы докладов, ч. II, 35—36, (Koautor: В. И. Фодчук).

[143] Усреднение в стохастических системах, Укр. матем. журнал **23** (1971), 318—345. (Koautor: В. Г. Коломиец).

[144] Обоснование метода усреднения для дифференциально-разностных уравнений в гильбертовом пространстве, Укр. матем. журнал **23** (1971), 745—752. (Koautor: В. И. Фодчук).

[145] Le développement des idées de la mécanique non-linéaire en U.R.S.S. H. Poincaré et al théorie des oscillations non-linéaires. XIIe Congrès International d'Histoire des Sciences. Paris, 1968, Actes. T. 4. Histoire des math. et de la méc. Paris, A. Blanchard, 1971, 123—126.

[146] Метод усреднения в нелинейной механике, Киев, 1971.

[147] Применение вероятностных и асимптотических методов в теории колебаний стохастических систем. Математическая физика. (Республиканский тежведомственный сборник) вып. **9** (1971), 89—95. (Koautor: В. Г. Коломиец).

[148] Асимптотические разложения вкази-периодических решений в квази-линейных системах второго порядка. Сб. Асимптотические и качественные методы в теории нелинейных колебаний. Изд. Институт матетматики АН УССР (1971), 104—113. (Koautor: А. М. Самойленко).

[149] Об одной теореме нелинейной механики в гильбертовом пространстве. Сб. Асимптотические и качественные методы в теории нелинейных колебаний. Изд. Института математики АН УССР, (1971), 113—117. (Koautor: Р. И. Гросман).

[150] К исследованию многочастностных колебаний в системах с медленно изменяющимися параметрами и запаздыванием. Сб. Дифференциально-разностные уравнения. Изд. Института математики АН УССР (1971), 74—100. (Koautor: Ле суан Кан).

[151] К исследованию одночастностных колебаний в системах с медленно меняющимися параметрами и запаздыванием. Сб. Дифференциально-разностные уравнения. Изд. Института математики АН УССР (1971), 101—121. (Koautor: Ле Суан Кан).

[152] К вопросу обоснования принципа усреднения для дифференциальных разностных уравнений. III Республиканская конференция математиков Белоруссии. 4—7 июня 1971 г. Тезисы докладов. Minsk (1971), 35—36 (Белорусский госуниверситет им. В. И. Ленина). (Koautor: В. И. Фодчук).

1972

[153] Усреднение интегро-дифференциальных и интегральных уравнений. Укр. матем. журнал **24** (1972), 30—48. (Koautor: А. Н. Филатов).

[145] О квази-периодических колебаниях в нелинейных системах. Укр. матем. журнал **24** (1972), 179—193. (Koautor: А. М. Самойленко).

[155] Условно-периодические колебания в нелинейных системах. Математическая физика (Республиканский межведомственный сборник), вып. **12** (1972), 86 до 105. (Koautor: А. М. Самойленко).

[156] Развитие асимптотических методов для уравнений с отклоняющимся аргументом, Материалы третьей Всесоюзной межвузовской конференции по теории и приложениям дифференциальных уравнений с отклоняющимся аргументом (Черновцы, сентябрь, 1972), 142—143 (Koautor: В. И. Фодчук).

[157] Об исследовании одного класса нелинейных динамических систем с распределенными параметрами методом усреднения. Аннотация доклада на XIII. Международном конгрессе по теоретической и прикладной механике, Сборник аннотации. Москва 1972, 76—77. (Koautor: Ю. Г. Остапов).

[158] Многочастотные колебания нелинейных систем. Тезисы доклада на шестой международной конференции по нелинейным колебаниям. Sixth International Conference on Non-linear Oscillations. (тезисы докладов) Варшава-Познань, 1972. 90—91. (Koautor: А. М. Самойленко).

[159] Об обном способе построения функции Ляпунова для слабо неавтономных линейных систем дифференциальных уравнений. Тезисы доклада, Ebenda, 1972, 19—20. (Koautor: О. Б. Лыкова, Б. М. Богатырев).

[160] О преобразовании систем нелинейных дифференциальных уравнений к простой структуре. Тезисы доклада, Ebenda, 1972, 80—81. (Koautor: А. К. Лопатин).

[161] Вторая теорема Н. Н. Боголюбова о методе усреднения для дифференциальных уравнений с запаздывающим аргументом. УМЖ, **24** (1972), 49—56. (Koautor: В. И. Фодчук).

[162] Периодические решения дискретных разностных уравнений второго порядка. УМЖ **24** (1972) 537—541. (Koautor: Н. А. Михайловская).

[163] Про декомпозицію нелінійних систем. Доповіді АН УРСР 1972, 1078—1082. (Koautor: О. К. Лопатін).

1973

[164] К вопросу о методе ускоренной сходимости в нелинейной механике (Обзор результатов). Метод интегральных многообразий в нелинейных дифференциальных уравнениях. Киев 1973, 5—31 (АН УССР, Институт математики. Сборник). (Koautor: А. М. Самойленко).

[165] О решении нелинейных дифференциальных уравнений с отклоняющимся аргументом при помощи рядов. ДАН СССР, сер. математика, **212** (1973), 1059—1062. (Koautor: П. Ф. Фильчаков).

[166] Понижение порядка линейных систем на основе алгебраического приведения и некоторые приложения к задачам механики и электроники. Метод интегральных многообразий в нелинейных дифференциальных уравнениях, Киев 1973, 32—59, (АН УССР, Институт математики. Сборник.) (Koautor: А. К. Лопатин).

[167] О преобразовании систем нелинейных дифференциальных уравнений к нормальной форме. Математическая физика, вып. **14** (1973), 125—140. (Koautor: А. К. Лопатин).

[168] Некоторые результаты математических исследований современных электродинамических проблем электроэнергетики и их внедрение в инженерную практику. Математика и научно-технический прогресс. Тр. Респ. научн. конф., Киев 1973, 44—57. (Koautoren: А. А. Березовский, Л. П. Нижник).

[169] Certains Aspects des Progres de la Methode de Centrage. Corso tenuto a Bressanone dal 4 al 13 giugno 1973, Edizioni Cremonese, Roma, 1973, 173—313.

[170] Aspekte der Theorie nichtlinearer Schwingungen. Ideen des exakten Wissens, Deutsche Verlagsanstalt Stuttgart, 1973, 565—573.

[171] Étude des équations différentielles non-linéaires à argument dévié. Équations différentielles et fonctionnelles non-linéaires. Actes de la conférence internationale „Equa-Diff 73" renue à Bruxelles et Louvain-la-Neuve du 3 au 8 sept. 1973. Hermann, Paris, 1973, 136—152.

[172] Интегральные многообразия в нелинейной механике. Москва 1973. (Koautor: О. Б. Лыкова).

[173] Многочастотные колебания нелинейных систем. Zagadnienia drgań nieliniowych, Warszawa (1973), № 14, 27—38. (Koautor: Самойленко А. М.).

[174] О преобразовании систем нелинейных дифференциальных уравнений к простой структуре. Zagadnienia drgań nieliniowych, Warszawa (1973), № 14, 181—194. (Koautor: А. К. Лопатин).

1974

[175] О применении метода усреднения к исследованию смешанной задачи для одного класса квазилинейных уравнений в частных производных. Математическая физики, вып. **16**, (1974), 137—148. (Koautor: Ю. Г. Остапов).
[176] Об одном эффективном методе решения краевых задач для нелинейных уварнений с отклоняющимся аргументом. Доклады АН СССР, **214** (1974), 283—286. (Koautor: П. Ф. Фильчаков).
[177] О повышении устойчивости гибкой круглой пластинки при помощи высокочастотных сжимающих усилий. УМЖ **26** (1974), 402—408. (Koautoren: А. А. Березовский, Н. Тургунов).
[178] Нелинейные задачи теплопроводности с производной по времени в граничном условии. Киев, Препринт Института математики АН УССР, 1974. (Koautoren: Л. П. Нижник, В. Л. Кульчицкий).
[179] Averaging method, its sources and development. XIVth International Congress of History of Science. Tokyo-Kyoto, Japan, 19—27 August, 1974. Abstracts of Papers.
[180] Асимптотические методы в теории параметрических колебаний сжатых гибких пластин. Сборник „Избранные проблемы прикладной механики", Москва 1974, 119—131. (Sonderdruck zum 60. Geburtstag von V. N. Čelomeja) (Koautor: А. А. Березовский).
[181] Асимптотические методы в теории нелинейных колебаний. Москва 1974. (Koautor: Н. Н. Боголюбов).
[182] On an effective method of solving boundary value problems for no nlinear equations with deviating argument. Dokl. Akad. SSSR **214** (1974) (Soviet Math. Dokl., **15** (1974), 129—133) (Koautor: P. F. Fil'čakov).
[183] On the solution of nonlinear differential equations with deviating argument by means of series. Dokl. Akad. Nauk SSSR **212** (1973), 1532—1536. American Math. Society, (Koautor: P. F. Fil'čakov).
[184] О роли математики в научно-техническом прогрессе и влияние вычислительной математики на ее развитие. Научная конференция „Вычислительная математика в современном научно-техническом прогрессе", Канев, 1974, 40 до 54.

1975

[185] Параметрически возбуждаемые колебания стержней при нелинейном законе упругости. УМЖ, **27** (1975), 395—400. (Koautoren: А. А. Березовский, Н. Тургунов).
[186] Анализ и синтез колебательных систем с помощью асимптотического представления решения в окрестности интегральных многообразий с заданными свойствами. Fünfte gesamtrussische Hochschulkonferenz zu Fragen der Theorie nichtlinearer elektr. Ketten und Systeme. Taschkent 1975. (Koautor: А. К. Лопатин).
[187] Влияние запаздывания на осцилляцию и асимптотическое поведение решений дифференциальных уравнений. Математизация знаний и научно-технический прогресс. Киев 1975, 92—106. (Koautor: В. Н. Шевело).
[188] Математические методы исследования некоторых проблем электроэнергетики. Математизация знаний и научно-технический прогресс. Киев 1975, 79—91. (Koautoren: А. А. Березовский, Л. П. Нижник, А. Н. Кравченко).

Bei Fragen zur Produktsicherheit wenden Sie sich bitte an:
If you have any questions regarding product safety,
please contact:

Walter de Gruyter GmbH
Genthiner Straße 13
10785 Berlin
productsafety@degruyterbrill.com